À la pointe du BIM

BIM et maquette numérique aux éditions Eyrolles

Sylvain Riss, Aurélie Talon & Régine Teulier (dir.), *Le BIM éclairé par la recherche*, 2017, 192 p., coédition Eyrolles/CESI (exclusivement disponible en livre numérique)

Olivier Celnik & Éric Lebègue (dir.), *BIM et maquette numérique pour l'architecture, le bâtiment et la construction*, préface de Bertrand Delcambre, 2ᵉ éd. 2016, 768 p., coédition Eyrolles/CSTB/MediaConstruct (exclusivement disponible en livre numérique)

Karen Kensek, *Manuel BIM. Théorie et applications*, préface de Bertrand Delcambre, 2015, 256 p.

Éric Lebègue & José Antonio Cuba Segura, *Conduire un projet de construction à l'aide du BIM*, 2015, 80 p., coédition Eyrolles/CSTB

Anne-Marie Bellenger & Amélie Blandin, *Le BIM sous l'angle du droit : pratiques contractuelles et responsabilités*, 2ᵉ éd. 2018, 160 p., coédition Eyrolles/CSTB

Serge K. Levan, *Management et collaboration BIM*, 2016, 208 p.

Annalisa De Maestri, *Premiers pas en BIM : l'essentiel en 100 pages*, 2017, 104 p., coédition Eyrolles/Afnor

Christophe Lheureux, *BIM pour le maître d'ouvrage. Comment passer à l'action*, 2017, 96 p.

Patrick Dupin, *Le LEAN appliqué à la construction. Comment optimiser la gestion de projet et réduire coûts et délais dans le bâtiment*, 2014, 160 p.

Brad Hardin & Dave McCool, *Le BIM appliqué au management du projet de construction. Méthode, flux de travaux et outils*, à paraître en 2018, coédition Eyrolles/Afnor éditions

Jonathan Renou & Stevens Chemise, *Revit pour le BIM : Initiation générale et perfectionnement structure*, 4ᵉ édition, 2018, 552 p.

Julie Guézo & Pierre Navarra, *Revit Architecture : développement de projet et bonnes pratiques*, 2016, 448 p.

Vincent Bleyenheuft, *Les familles de Revit pour le BIM*, 2017, 360 p.

Olivier Lehmann, Sandro Varano & Jean-Paul Wetzel, *SketchUp pour les architectes*, 2014, 246 p.

Matthieu Dupont de Dinechin, *Blender pour l'architecture : conception, rendu, animation et impression 3D de scènes architecturales*, 2ᵉ édition, 2016, 336 pages

Nader Boutros & Régine Teulier
coordinateurs

À la pointe du BIM

Ingénierie & architecture, enseignement & recherche

EYROLLES

ÉDITIONS EYROLLES
61, bd Saint-Germain
75240 Paris Cedex 05
www.editions-eyrolles.com

Sommaire

Table des matières

PARTIE 1

Perception

CHAPITRE 1. State of the Art of Design Methods: Application to the Construction Industry and BIM

Nicolas ZIV

PARTIE 2

Conception

CHAPITRE 2. DialecBIM : une méthode d'évaluation du « dialectisme » des esquisses à l'ère du BIM

Vincent Gouezou

CHAPITRE 3. Pour une interopérabilité dynamique

Bernard Ferries, Aurélie de Boissieu

CHAPITRE 4. Modélisation paramétrique 3D et multi-échelle du développement résidentiel : exemple du modèle SLEUTH^{3D}

Guillaume DA SILVA, Omar DOUKARI, Rahim AGUEJDAD, Mojtaba ESLAHI

PARTIE 3

Étude et réalisation

CHAPITRE 5. A Case Study Investigation of Industry Templates and Information Quality Methodologies for the Definition and Assessment of Asset Information Requirements

Kay Rogage, Richard Watson

CHAPITRE 6. Maquette numérique d'une rue du vieux Bayonne pour son étude thermique par éléments finis

Jairo Acuña Paz y Miño, Vincent Lefort, Claire Lawrence, Benoit Beckers

Avant-propos

Recherche académique et recherche industrielle sur le BIM pourraient construire une synergie plus féconde

Il est rare de voir recherche industrielle et recherche académique confrontées au même agenda. En général les tempos sont différents. Il faut une rupture technologique comme celle du BIM et les changements profonds qu'elle implique pour provoquer une concordance d'agendas. Par ailleurs, recherche industrielle et recherche académique ne s'organisent pas autour des mêmes processus, nous le savons, mais ceci a beaucoup d'incidences concrètes que nous n'avons pas forcément à l'esprit.

La **recherche académique** s'organise autour du processus central du Peer Review Process. Elle formule des pistes de recherche en fonction d'hypothèses qui tiennent compte des problèmes perçus dans la réalité mais aussi dans les acquis théoriques de la discipline et de ses disciplines connexes. La recherche académique explore ces hypothèses, assez systématiquement et méthodiquement. Les sujets émergent en fonction de choix individuels, quelquefois influencés par des incitations que sont des projets financés, mais les choix restent individuels sur des questions précises conçues en relation avec une communauté de recherche et ses travaux publiés. On ne sait pas comment la contribution d'un auteur sera reprise ou non par un autre. Les sujets sont donc, par nature, concentrés sur certains thèmes, tandis que d'autres thèmes, mêmes importants peuvent être délaissés par tous les auteurs. C'est ainsi qu'il faut lire ce volume. Le **débat contradictoire** permet, non seulement de confirmer les bonnes orientations parce qu'elles sont reprises par d'autres, mais aussi d'éliminer les mauvaises pistes par un débat contradictoire, quelquefois assez âpre. Au fil des années, les sujets qui apparaissent font voir le déplacement des centres d'intérêt dans la communauté. L'épuisement des débats permet de constater que certains sujets ont été suffisamment explorés et ne méritent plus de travaux.

Les projets de **recherche industriels**, qu'ils soient européens ou nationaux, fonctionnent le plus souvent par **consensus** d'un groupe d'ingénieurs et de praticiens. Dans la recherche industrielle, les questions de recherche émergent de besoins immédiats et concrets perçus dans les entreprises. Les projets de recherche industrielle tentent, en général de poser des questions de recherche qui se juxtaposent et forment un ensemble, ils tentent de produire un ensemble de connaissances qui permettent la résolution de problèmes concrets. Les sujets sont moins conceptuels, plus larges et plus près d'applications concrètes que les sujets de la recherche académique. Comme ils ont moins d'abstraction, ils ne prétendent pas contribuer à des débats scientifiques qui dépassent le secteur, mais visent ce seul cadre d'application. La recherche industrielle lève des verrous de blocage et cherche à produire du consensus sur le résultat. Il y a un objectif et une vigilance à ce que le résultat soit adopté par tous et donc les acteurs le travaillent pour qu'il soit intégrable par toutes les parties prenantes de la filière, dans les systèmes de pensées, dans les références mais aussi dans les limites organisationnelles.

Recherche industrielle et recherche académique ne produisent pas les mêmes avancées, ne sont pas organisées suivant les mêmes processus. Mais les deux se complètent, quand elles peuvent dialoguer à certains moments opportuns, c'est fécondant pour les deux. Ainsi faut-il lire la complémentarité de MINND et EduBIM. Les textes de ce volume sont marqués de cette double empreinte, comme l'étaient ceux du précédent volume de 2017 de cette collection (Riss, Talon, Teulier) puisque plusieurs articles de ces deux volumes sont issus de travaux menés dans MINND.

Les activités de **recherche sur le BIM en France** impliquent à la fois le projet MINND, le réseau EdUBIM et quelques chercheurs et laboratoires qui ne se rattachent pas à une communauté française mais publient leurs travaux dans des communautés internationales. La communauté française en génie civil est regroupée dans l'AUGC publie ses travaux dans la communauté AUGC et dans des communautés scientifiques internationales suivant les spécialités. Notre petite communauté EduBIM structure ses échanges et se structure, notamment avec le workshop recherche mais aussi, cette année par exemple, avec les articles sur les expériences pédagogiques et les ateliers de partage d'exercices pédagogiques coordonnés par Pierre Antoine Sahuc dans les Journées Enseignants. EduBIM avance étape par étape, cette année voici donc le deuxième volume chez Eyrolles, un numéro spécial de revue IJ3DIM (Talon Teulier) sur une sélection de papiers issus de EduBIM mais retravaillés pour une version évoluée va paraître. D'autres ouvrages sont en projet ou en préparation. Il faut continuer et faire jouer toutes les synergies et initiatives possibles. Les disciplines s'impliquent peu à peu, les architectes sont plus présents dans EduBIM en 2018, même si on peut regretter la faible participation de chercheurs en informatique et en sciences sociales, pour l'instant.

EduBIM reste en lien avec le BIM Academic Forum, réseau européen, IJ3DIM en est un volet, plusieurs d'entre nous ont publié à la conférence du BIMAF de Glasgow en 2016. Cette année, EduBIM accueille un article de collègues d'une autre université anglaise. Preuve en est que construire une communauté française ne nous empêche pas de concevoir notre recherche dans le cadre international qui s'impose. Il faut continuer et tisser des liens avec d'autres communautés comme celle de la Conférence on Mechanics, Design Eng. and Advanced Manufacturing ou encore le groupe BIM de la conférence internationale PLM de l'IFIP.

Ou en sommes-nous des thèmes de recherche globalement sur le BIM ? Quels sont les thèmes présents ? Quels sont ceux qui vont surgir ? La structuration des données autour de la représentation **objet**, structurée en objet, propriété, attribut, valeur révolutionne non seulement la représentation des données mais aussi le mode de pensée. À travers l'objet, c'est la représentation de l'univers de travail qui se joue et la **pensée objet** est un changement fondamental. La description de l'univers passe à la fois par des objets et par des **concepts**, des termes qui s'imposent à tous et doivent passer non seulement d'un logiciel à l'autre, mais aussi d'un univers métier à un autre univers métier. Le besoin de glossaire, pour faire le parallèle des objets dans les textes et pour dénommer les choses, décrire l'univers commun avec des mots précis (mais contextualisés et évolutifs) et compris par tous, se fait sentir. Le besoin d'une évolution vers de vraies ontologies restent à approfondir dans les travaux qu'on peut lire sur le BIM. Le besoin d'**interopérabilité** est profond et généralisé. L'interopérabilité entre les logiciels est largement reconnue mais il faut aussi aborder l'interopérabilité des modèles et la compréhension mutuelle des points de vue métier (que certains abordent par exemple par des définitions partagées d'objets).

D'autres thèmes sont moins présents actuellement dans les débats et dans les recherches sur le BIM mais vont surgir dans les années prochaines. **L'avantage concurrentiel** recherché par les entreprises va aussi se repositionner et se recomposer avec le BIM à travers la façon dont chacune saura composer ses savoir faires d'équipes et ses prestations de service. La composition des **business models** va donc évoluer dans le secteur. Ces deux sujets par exemple pourraient donner lieu à travaux dans les sciences de gestion. De même, toutes les **innovations** du secteur, ne seront produites que dans le contexte du BIM. Pour l'instant, l'adoption de celui-ci occulte dans les débats cette nécessité d'innover. Le BIM n'est pas forcément une innovation en lui-même, il est avant tout une rupture technologique que le génie civil et l'industrie de la construction sont contraints d'adopter. Une de limites serait de faire une recherche d'arrière-garde. Comment « adapter » une rupture technologique qui nous vient de l'extérieur à nos pratiques d'hier, plutôt que d'inventer nos pratiques de demain. Sans revenir sur des thèmes très connus comme l'aspect visuel des modélisations **en 3D** et la connexion simultanée des acteurs, qui permet de rendre cette **perception visuelle partagée** à distance mais dont les effets et les processus induits restent à démontrer (Whyte). Ou encore le fait que la modélisation et le **statut du modèle** ont changé, en a-t-on tiré toutes les conséquences ? Les **compétences** individuelles et collectives, les formations et les méthodes de composition des équipes commencent à susciter quelques travaux importants au niveau international mais sont peu étudiés dans notre communauté. Par ailleurs, le nouveau génie civil réutilisera de plus en plus les modèles partiels de façon englobante et repositionnant les différentes méthodes les unes par rapport aux autres, nous avons des travaux en **ingénierie système** mais peu sur les intégrations de logiciels métier sur plate-forme et connectés à des bases de données partagées.

Enfin, certains thèmes ont été abordés de façon partielle. Le **travail coopératif** et l'ingénierie concurrente, les notions de PLM, cycle de vie de l'ouvrage sont déjà étudiés dans les revues internationales. Mais certains aspects comme **l'intégration des points de vue** dans le travail coopératif autour du BIM ont peu fait l'objet de travaux. La coopération implique, par exemple, de comprendre le point de vue de l'autre, d'intégrer son agenda et ses contraintes et de les assimiler dans son propre schéma d'action. La combinaison processus cognitifs et interfaces va se perfectionner en intégrant des assistances dont on ne parle peu comme celles permises par l'IA. Il faut intégrer dans les interfaces une partie des interactions qui étaient laissées à l'ordre cognitif ou social, non pour remplacer mais pour assister de plus en plus.

Le fait que les équipes projet affrontent les erreurs et les dissonances en conception en début de projet, au moment où elles sont beaucoup plus faciles à réparer et non pas en fin de projet restent à étudier dans la filière construction de même que toute la gestion de projet avec par exemple les revues de projet. De même les implications des groupements de projets ou des groupements occasionnels de firmes (consortium pour répondre à des appels d'offre) sont peu étudiés. Pour l'instant, peu de travaux sur ces thèmes qui impliqueraient des observations en entreprise, des suivis de projet ou des travaux relevant plutôt des sciences économiques.

Ces thèmes ne sont que quelques exemples, d'autres thèmes surgiront immanquablement. C'est un des avantages de construire une communauté de recherche en France que de pouvoir dialoguer entre industriels et académiques. On ne peut que souhaiter qu'à l'avenir les liens s'intensifient et que plus de travaux soient menés en commun. Il faut rappeler que le projet MINND et ses groupes de travail, par exemple, sont ouverts aux universitaires. Plus de 300 ingénieurs collaborent au projet MINND, c'est la force de travail la plus importante en recherche sur le BIM en France. Il a, de ce fait, un rôle fédérateur incontournable. D'autres lieux et travaux mêlant universitaires et industriels sont possibles et certains se font effectivement. Mais la synergie entre universitaires et industriels ne joue pas à plein, elle pourrait être pensée de façon beaucoup plus élaborée qu'une simple utilisation mutuelle des fonctions. Elle est de fait indispensable pour de suivis de projet et des observations d'équipes de temps longs. Les académiques concernés ne sont pas uniquement ceux qui travaillent habituellement dans le génie civil. D'autres spécialités peuvent être utiles dans une démarche de recherche et d'innovation autour du BIM : les spécialistes de la modélisation en informatique, les sciences sociales et la recherche en management ou les sciences humaines.

Le nouveau génie civil post BIM se dessine peu à peu. Dans ces conditions, on comprend que recherche industrielle et recherche académique soient bouleversées de façon concomitante et continuent à trouver des raisons de dialoguer. Souhaitons qu'elles parviennent à le faire de façon encore plus productive.

Régine TEULIER
Laboratoire CRG-I3, UMR 9217,
CNRS université Paris -Saclay
Cognilog
Membre du comité de pilotage de MINND

Préambule

EduBIM est la rencontre des enseignants, de chercheurs et formateurs du BIM. Les trois précédentes éditions se sont déroulées à l'ESITC Caen en 2015, à l'ESTP (Cachan) en 2016 et au CESI à Nanterre en 2017. Le réseau des enseignants, chercheurs et formateurs d'EduBIM comprend tous les niveaux de formation et toutes les spécialités, il entretient un lien très fort avec les entreprises, notamment à travers le Projet National MINnD qui est à l'origine de ces journées.

Pour cette quatrième édition, à Polytech Clermont Auvergne, la première journée est consacrée au Workshop et la seconde à la journée enseignement. Le workshop sera consacré aux trois thèmes : « Focus sur des principes fondamentaux du BIM », « Adaptations du BIM aux exigences des utilisateurs » et « intégration d'approches métiers spécifiques dans le BIM ». Une visite de chantier intégrant le BIM, ponctuera cette première journée. La journée enseignement abordera : « les collaborations inter-école », « la conception de formations », « les expérimentations pédagogiques » et les « compétences métier ». Une nouveauté de cette édition, des ateliers de mise en pratique des outils BIM seront proposés aux participants lors de la seconde journée. Ils permettront de découvrir des outils BIM pour la thermique, les structures, l'architecture paramétrique et les plateformes collaboratives.

Créé en 1969, **Polytech Clermont-Ferrand** (ex-CUST) est l'une des plus anciennes formations universitaires d'ingénieurs en France. École d'ingénieurs interne de l'**Université Clermont Auvergne**, Polytech Clermont-Ferrand est membre fondateur du Réseau Polytech et inscrit son développement dans ce cadre tant sur le plan local que national et international. Le **Département Génie Civil** a pour mission de former des ingénieurs capables de conduire des projets et des chantiers touchant au bâtiment et aux travaux publics, à animer des équipes et à gérer des opérations dans le respect du droit, de la sécurité et du développement durable et dans un contexte local, national et international. Les outils numériques et le développement du BIM à travers notamment des pratiques collaboratives innovantes ont été intégrées dans l'ensemble du cursus de formation afin de préparer les futurs ingénieurs à s'intégrer dans les projets de construction de demain. Le **mastère spécialisé® GP-BIM**, dédié au BIM sous l'angle de la gestion patrimoniale des bâtiments, infrastructures et ouvrages d'art, complète cette offre de formation. Le mastère spécialisé s'articule en des périodes de formation (350 h réparties sur 5 modules) et en la préparation d'une thèse professionnelle en entreprise. Le rythme de cette formation alterne entre des présentations réalisées par des professionnels et des mises en pratique en présentiel et à distance sur des cas réels en concordance avec les attentes des professionnels.

Gaëlle BAUDOUIN et Aurélie TALON
UCA Polytech

Introduction

Cet ouvrage est le fruit de la sélection par les pairs des articles contribuant au deuxième workshop EDUBIM, se déroulant durant les journées EDUBIM (15 et 16 mai 2018). Il couvre un large spectre des travaux de recherche fondamentale, expérimentale ainsi que des travaux de recherche et développement liés aux préoccupations nationales et internationales de l'adoption du BIM dans les secteurs de la construction et des infrastructures.

Il fait suite au premier workshop EDUBIM 2017 dont les actes ont été édités chez Eyrolles Editions sous le titre *Le BIM éclairé par la recherche. Modélisation, collaboration & ingénierie 2017*, sous la direction de Sylvain Riss, Aurélie Talon et Régine Teulier [ISBN 978-2-212-67471-2].

Les thématiques abordées par les sept articles qui composent cet ouvrage sont variées et s'étendent de la conception et la réalisation à la gestion du patrimoine.

La thématique « Perception » est concernée par un article :

- Nicolas Ziv, « *State of the Art of Design Methods: Application to the Construction Industry and BIM* ».

Nicolas Ziv nous présente un panorama des méthodes de conception de systèmes artificiels dans d'autres industries : l'Analyse Fonctionnelle, l'Ingénierie Système et l'Ingénierie des Exigences, la théorie C-K et la Constructibilité. Il les présente succinctement et discute de leurs potentiels apports au BIM dans ses différents aspects : niveaux de détail, niveaux des informations, les IFC, les IDM, etc.

La thématique « Conception » est concernée par trois articles :

- Vincent Gouezou, « *DialecBIM : Une méthode d'évaluation du 'dialectisme' des esquisses à l'ère du BIM* » ;
- Bernard Ferries et Aurelie de Boissieu, « *Pour une interopérabilité dynamique* » ;
- Guillaume DA SILVA, Omar DOUKARI, Rahim AGUEJDAD et Mojtaba ESLAHI, « *Modélisation paramétrique 3D et multi-échelle du développement résidentiel : exemple du modèle SLEUTH* ».

Vincent Gouezou nous présente un article didactique et réflexif interrogeant les méthodes de conception traditionnelle en phase esquisse à l'ère du BIM. Il met en vis-à-vis la modélisation

3D en maquette numérique du bâtiment et la représentation traditionnelle. Son questionnement sur la disparition de l'esquisse voire même du dessin est posé et interrogé. Expliquant ce qu'est le BIM et ses intérêts, il revient sur les pertes prévisibles de la sensibilité de l'architecte. Il focalise son article sur le critère d'une dialectique entre les deux en posant le cadre de sa méthode DialecBIM. Il compare ainsi cinq différents modes d'esquisse (main, DAO, CAO-BIM, main sur table tactile et dessin spatialisé en réalité virtuelle).

Bernard Ferries et Aurelie de Boissieu abordent les problématiques d'interopérabilité interne chez un intervenant (ici l'architecte) et entre les différents intervenants du projet. Ils nous exposent les enjeux de l'interopérabilité, en particulier au regard des données partagées et des leurs structurations possibles. Ensuite, ils nous présentent les principales solutions techniques pour l'échange de données entre logiciels en s'intéressant plus particulièrement aux solutions d'interopérabilité dynamique. Leurs spécificités et leurs impacts sur les espaces et pratiques de partages de données sont ainsi développés. L'article se termine par une discussion sur les pratiques d'implémentation de ces processus d'interopérabilité dynamique dans le cadre de l'agence d'architecture Grimshaw Architects.

Guillaume DA SILVA, Omar DOUKARI, Rahim AGUEJDAD et Mojtaba ESLAHI nous expliquent que des modèles d'expansion urbaine existent mais restent limités à des considérations bi-dimentionnelle. Les auteurs souhaitent améliorer une modélisation basée sur la croissance cellulaire en intégrant une hauteur aux formes des bâtiments proposées et ainsi spatialiser l'approche en prenant en compte le lien entre la croissance des bâtiments et celle des routes. Ils partent d'un automate cellulaire SLEUTH en l'étendant pour générer les parcelles et les routes et enfin utilisent le moteur 3D JMonkeyEngine pour générer les bâtiments tri-dimensionnelles. L'approche est encore primitive et les auteurs espèrent aller vers la formalisation des règles d'urbanisme (PLU, PLH) dans le processus de simulation.

La thématique « Étude et réalisation » est concernée par deux articles :
- Jairo Acuña Paz y Miño, Vincent Lefort, Claire Lawrence et Benoit Beckers, « *Maquette Numérique d'une rue du vieux Bayonne pour son étude thermique par éléments finis* » ;
- Karim Boureguig et Nader Boutros, « *Méthodologie de développement informatique pour rendre le BIM accessible aux entreprises du bâtiment* ».

Jairo Acuña Paz y Miño, Vincent Lefort, Claire Lawrence et Benoit Beckers présentent une méthode, qu'ils ont mise en œuvre sur un cas réel (rue du vieux Bayonne), pour modéliser un quartier (scène urbaine) afin d'étudier les phénomènes de rayonnement, qu'il s'agisse de la chaleur ou de la lumière du jour. La méthode par éléments finis justifie les moyens mis en place. La recherche de la précision et la justesse de la simulation est omniprésente pendant le choix de modélisation, les techniques de maillage et la sémantique des objets du modèle.

Karim Boureguig et Nader Boutros nous exposent leur démarche de rapprochement entre l'informatique documentaire et l'informatique de gestion métier au service des entreprises qui cherchent à s'approprier le BIM dans le concret de leur métier de terrain. La démarche BIM de la société BIM Cloisons primée **BIM d'Argent catégorie « Démarche pionnière originale »** du BIM d'Or 2017 est exposée, puis repensée dans une démarche globale d'optimisation du processus et de la performance d'exécution par la société PASS Technologie. L'article relève la complémentarité de la réflexion entre les deux sociétés éditrices de logiciels pour contribuer à l'avancée de l'appropriation du BIM par les entreprises de construction en France.

La thématique « Exploitation » est concernée par un article :

- Kay Rogage et Richard Watson, « *A Case Study Investigation of Industry Templates and Information Quality Methodologies for the Definition and Assessment of Asset Information Requirements* ».

Le lien entre le projet et la phase d'exploitation aujourd'hui laisse encore à désirer. Il est peu pris en compte, notamment en ce qui concerne la pertinence et la qualité des informations échangées.

Kay Rogage et Richard Watson exposent la méthodologie mixte utilisée (entretien, expertise, analyse de données) et les critères de qualité de l'information considérés sur un exemple.

Ils confirment que les définitions actuelles des niveaux de détails ne sont pas suffisantes et il est nécessaire d'identifier les besoins qu'un échange d'informations utiles pour la phase d'exploitation.

Nader BOUTROS
Enseignant-Chercheur, laboratoire de recherche EVCAU
de l'École nationale supérieure d'architecture de Paris Val de Seine
Directeur de PASS Technologie,
agence de conseil, de gestion de projets et d'accompagnement technologique
Formateur agréé et concepteur de systèmes et solutions métiers

Perception

State of the Art of Design Methods: Application to the Construction Industry and BIM

Nicolas ZIV

ESTP, Université Paris-Est

e-mail: nicolas.ziv@estp.fr

Abstract

In this article, we will present four methods for the development of man-made systems essentially used in other industries: Functional Analysis, Systems Engineering and Requirement Engineering, the C-K theory and Constructability (only constructability is dedicated to the construction industry). The development of BIM (Building Information Modeling) leads to redefine the way of working (plan, design and build) in the construction industry. Hence, study and analysis of methods from other industries can help to support current evolutions notably for the defining of Level of Details (LOD), of attributes and properties related to BIM objects, of Conceptual Models, of Information Delivery Manual (IDM) or of Industry Foundation Class (IFC) for instance. Each method will be presented with their possible contributions to BIM concepts. Finally, propositions will be made to better use these methods for the construction industry.

Key words

Design methods, Functional Analysis, Systems Engineering, C-K theory, Constructability, BIM

Résumé

Dans cet article, nous présentons quatre méthodes utilisées pour la conception de systèmes artificiels utilisés essentiellement dans d'autres industries : l'Analyse Fonctionnelle, l'Ingénierie Système et l'Ingénierie des Exigences, la théorie C-K et la Constructibilité. Le développement du BIM (Building Information Modeling) amène à redéfinir la manière de travailler dans le domaine de la construction. Ainsi, l'étude des méthodes utilisées dans d'autres industries peut être d'une grande aide pour accompagner les évolutions en cours, notamment pour la définition des niveaux de détail, des attributs et propriétés relatifs aux objets, de Modèles Conceptuels, des Information Delivery Manual (IDM) ou encore le développement des standards Industry Foundation Class (IFC) par exemple. Chaque méthode sera succinctement présentée, puis les apports possibles au BIM seront discutés. Enfin, des propositions seront faites pour intégrer ces méthodes de façon à les utiliser de manière plus adaptée au domaine de la construction.

Mots-clés

Méthodes de conception, Analyse Fonctionnelle, Ingénierie Système, Théorie C-K, Constructabilité, BIM

Introduction

BIM (Building Information Modeling) is sometimes considered only by its capacity to model 3D systems. Many authors have highlighted that BIM also concerns design processes and management processes, and not only 3D modeling and standards [TOLMER, 2016]. In the BIM handbook, the following definition of BIM is given: "we define BIM as a modeling technology and associated set of processes to produce, communicate, and analyze building models" [EASTMAN *et al.*, 2008]. We can notice that processes to produce, communicate and analyze building models are part of the BIM definition. However, the methodological corpus supporting BIM processes is still to define. Questions like "what are the different steps and activities to develop a construction system?" or "what is the appropriate level of abstraction to consider a system at what development stage?" are not answered by actual BIM processes or technologies, whereas they are fundamental to use and develop future tools and standards. Depending on BIM processes and tools to develop and/or to formalize, the appropriate methodology can help to structure and organize BIM processes. Other industries have already defined and formalized processes to design man-made systems mostly based on the system thinking theory. The four methods we present in this article allow defining these design processes for different objectives: optimization and degraded modes studies, manage complexity, develop innovative products or better consider the production system (also called enabling system). The four presented methods are all originated from System Thinking theories [LE MOIGNE, 2006], where most of the concepts used in this article are defined.

1. Functional Analysis methods

Functional Analysis (FA) is a group of methods used for the development of man-made systems which objectives are to search, define, arrange, describe, characterize and represent functions of a System. Goals of FA are multiple, and it is of great importance to clearly define objectives of the method when used in a project: re-engineering, maintenance optimization, better understanding clients' needs, clarifying and formalizing clients' needs, enhance communication between projects stakeholders, helping the design of new technical solutions, value engineering and study of degraded modes and system failures [POLLET *et al.*, 2016].

The MISME method (*Méthode d'Inventaire Systématique des Milieux Extérieurs Environnants*), also called APTE® method, is the most used in the construction industry for different purposes: Serre [SERRE, 2005] for performance assessment of river levees, Allaire [ALLAIRE, 2012] in uses Functional Analysis to improve energy consumption of the French Defense building assets, Gobin [GOBIN, 2015] to implement societal responsibilities of stakeholders in the development of buildings, and Gonzva [GONZVA, 2017] to improve resilience of metro systems. Nevertheless, Functional Analysis is rarely used concretely in the development of construction systems [GOBIN, 2015] and more for maintenance operations or post-evaluation of the capacities of the system to react to external events. The MISME method is composed of two steps, the External Functional Analysis (EFA) and Internal Functional Analysis (IFA), which we will present in the following paragraphs.

1.1. External Functional Analysis (EFA)

The first step of the MISME method is the External Functional Analysis. It involves analyzing needs that the system will meet and defining Service/Constraint functions of a system. The method offers different methodological tools to help the designer express their needs, and define Services functions as well as Constraint functions the system has to realize to meet the needs. In External Functional Analysis, the system is considered a "Black Box".

1.1.1. Modeling need(s): The "fundamental need expression" scheme

This scheme is used to formalize and characterized needs the system answers (figure 1):

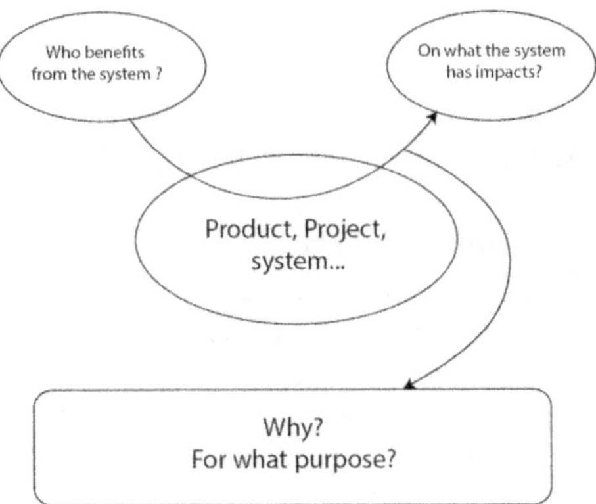

Figure 1. The fundamental need expression scheme [POLLET *et al.*, 2016]

The left part indicates who benefits from the implementation of the system. The answer to this question refers to the end user of the system, operators, maintainers or companies – stakeholders of the project. In most cases, the answer refers to a physical or moral person [POLLET *et al.*, 2016]. Eventually, the answer refers to several people: for instance, a metro system benefits urban dwellers but also politicians, it gives jobs for engineers and workers etc. For complex systems, the answer to this question is not always straightforward and can imply multiple actors.

The right part indicates what the system has an impact on. To answer this question, we exclude elements of the environment which benefit from the system (they have already been mentioned in the left part of the scheme), but only those that are impacted by the system. For instance, a metro system has social impacts, as it potentially links different social groups; but also has an impact on jobs location; it also requires energy for its operation and its construction; etc.

Finally, the bottom part indicates need(s) the system meets, why it has to be realized, for what purpose. Eventually, a system can fulfill several needs.

1.1.2. External functions: the context diagram

After having defined the needs, the following step involves defining Service and Constraint functions of the system (also called external functions), what the system will do to meet the needs.

In the MISME method, external functions are traditionally modeled with an environmental/ interaction diagram (figure 2):

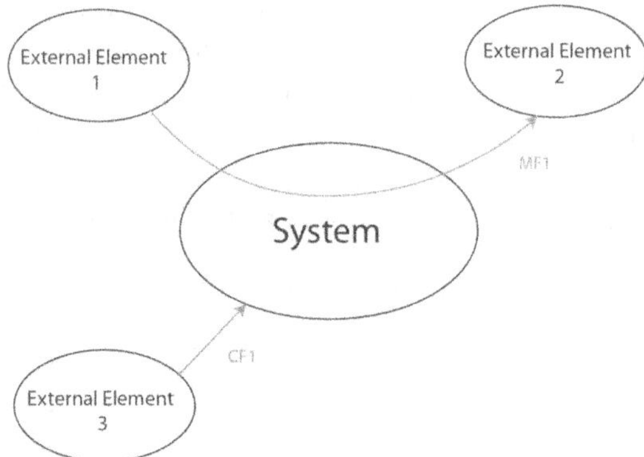

Figure 2. The Context Diagram [POLLET *et al.*, 2016]

Functions are categorized into two different types:
- **Service functions:** actions of the product on external elements of the system helping to meet identified needs. Therefore, main functions always link at least two external elements: element(s) impacted by the system to perform the function, and external element(s) profiting from the provided services. Service functions can be separated into two types: Main Functions (functions which directly answer to the reasons why the system should be produced) and Complementary Functions (which improve and facilitate provided services);

- **Constraint functions:** they result from limitations of freedom in the design of the product. For instance, it could be norms, laws, environment, etc. They are imposed by external elements of the system; they therefore link the system with only one external element (they don't benefit any external element). Examples of constraints are: norms and rules, constructability constraints, etc.

1.2.   Internal Functional Analysis (IFA)

Internal Functional Analysis (IFA) involves defining the internal functions of the system, allowing the implementation of Services and Constraints functions defined in the External Functional Analysis [TASSINARI, 2003]. Internal functions are categorized in "Design Functions", "Contact functions" and "Technical Functions". According to the AFNOR X50-150 standard, a technical function is "an internal action of the product defined by the designer/producer of the system". Contrary to External Functional Analysis, in Internal Functional Analysis, the system to design is considered a "White Box". They are allocated to sub-systems of the studied system and can be considered Services/Constraint Functions for these sub-systems. In this part, we will present two methodological tools which are used to model internal functions of the system: the Functional tree and the Functional Bloc Diagram.

1.2.1.   The Functional Tree

In order to represent this decomposition of the system in terms of functions (Services/ Constraint Functions and Internal Functions), it is possible to make a *"Functional tree"* representing the hierarchy between functions of the system (figure 3). These functions are at the same time allocated to sub-systems (sub-sub-systems and components) of the system. Therefore, the functional tree is the symmetric of a "Product Breakdown Structure" diagram representing the decomposition of the system in sub-systems.

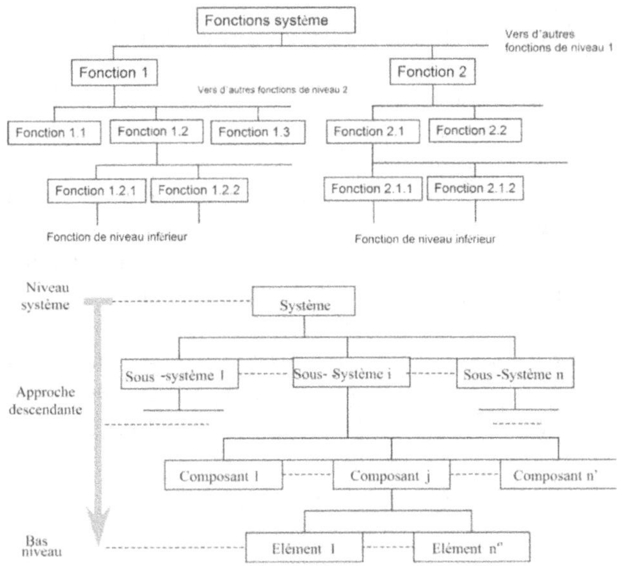

Figure 3. Example of a Functional Tree and a Product Breakdown Structure diagram [POLLET *et al.*, 2016]

1.2.2.　The Functional Bloc Diagram (FBD)

The Functional Bloc Diagram is used to represent internal functional relations between elements of the system (its sub-systems) as well as functional relations between internal elements of the system and the environment (Services and Constraint functions). Internal functions are represented by arrows between sub-systems. It is complementary to the functional tree diagram, as in the FBD, both functions and sub-systems are represented in a single figure (figure 4), but usually, only two systemic levels are represented (system and sub-system).

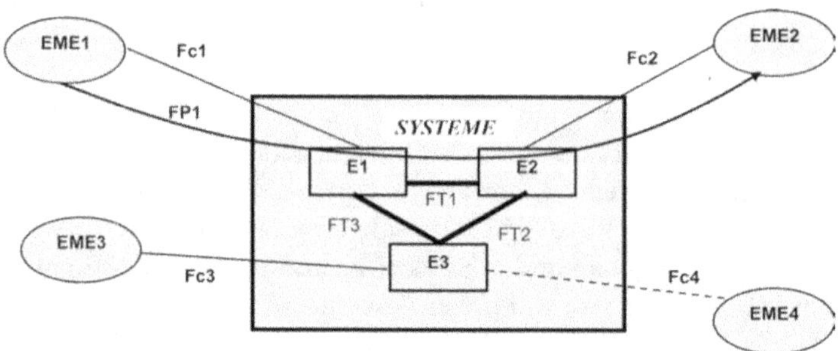

Figure 4. Example of a Functional Bloc Diagram [POLLET *et al.*, 2016]

In this part, we have presented a method and related tools to define both external functions and internal functions of a system. Defining functions of a system allow understanding what systems actually *do*. As mentioned above, this can lead to optimizations or to assist decision making, but as we will show in the next part, functional analysis is also central in architecting systems and managing their complexity.

1.3.　Functional Analysis and BIM

Whereas Functional Analysis is a widespread technique in other industries, it is rarely used in the construction industry for the development of construction systems. Therefore, it is not surprising that the notion of function is not integrated in standards used in BIM models, and notably in IFC (Industry Foundation Classes). However, Functional Analysis is very often used subsequently to define the functions of the system. Hence, integrating the description of functions in BIM models IFC is not only suitable to improve the design of construction products, but also for their future operation.

IFC are "the open and neutral data format for openBIM", they are maintained and developed by BuildingSMART International as its "Data Standard" since 1997 [buildingSMART, 1997]. IFC are currently not fit to model functions of systems, but mostly their organic composition (geometry, eventually topology and properties related to define objects). Only the concept of "IFC space" is approaching the concept of function, but relations between *functions* and *spaces* of a system is yet to be defined [MAUGER, 2015]. Should IFC allow modeling functions of construction systems? The question is worth asking, as the concept of functions is fundamental in almost all design theories.

2.   Systems Engineering and Requirement Engineering

Systems engineering clusters methods, concepts, best practices developed since the Second World War mostly in the USA to design, build, manage and operate *complex systems* like defense systems or aerospace systems. Such systems required to manage a lot of information from different types and from different sources to be operational with a high performance level. In order to face these challenges, American engineers have developed methods to manage and integrate complex systems: Systems Engineering (SE) [DEPARTMENT OF DEFENSE, 2001], [KROB, 2009], [AFIS, 2009], [KOSSIAKOF, 2011], and [HALL, 1962]. In this article, we will present three main concepts of SE: Metamodels, Requirement Engineering and MBSE (Model-Based Systems Engineering). Other important concepts of Systems Engineering such as Systems Architecture [KROB, 2014] and DSM (Design Structure Matrix) and MDM (Multi Domain Matrices) [EPPINGER *et al.*, 2012] are not presented in this article, but are also of great interest for construction systems.

2.1.   Metamodels

One important contribution of SE is the defining of development models for entire man-made systems from the system level to sub-systems and components. Mainly three seminal models have been developed [ESTEFAN, 2008], [INCOSE, 2015]: The waterfall model (figure 5), the spiral model (figure 6) and the "Vee" model (figure 7).

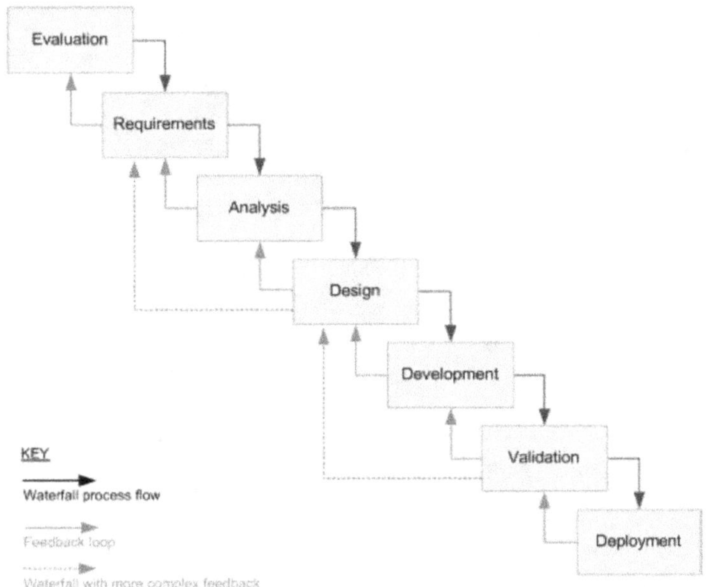

Figure 5. The waterfall model [RUPARELIA, 2010]

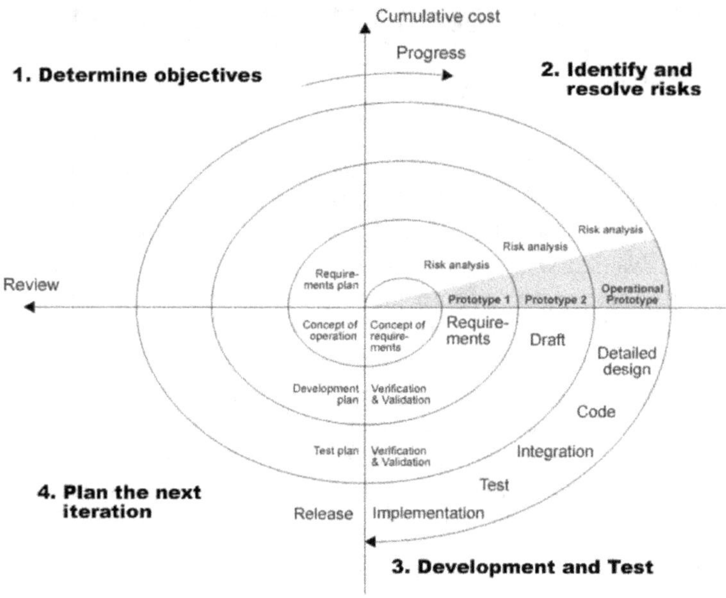

Figure 6. The spiral model [BOEHM, 1988]

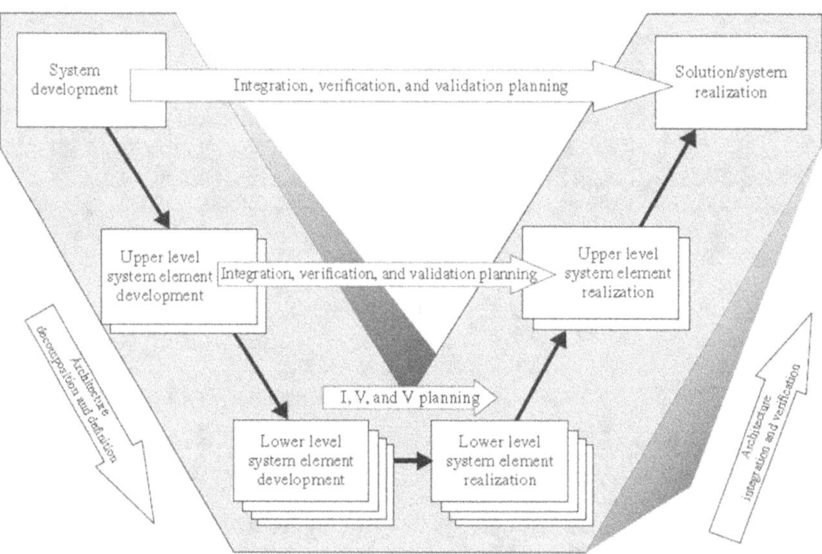

Figure 7. The Vee model [FORSBERG *et al.*, 1992]

The waterfall model is the lifecycle model, which is the simplest and the most used (even sometimes implicitly). It is the closest to the actual development model used in the construction industry, where a stakeholder carries out their share of the work as specified in its contract and gives it to the following stakeholder with only little consideration of risks incurred by other stakeholders. It can be considered as the "Business as Usual" process.

The spiral model is an improvement of the waterfall model made by Boehm [BOEHM, 1988], [RUPARELIA, 2010]: there is only one Design stage instead of two, and risks and issues are evaluated at an early stage by prototyping the product. Each cycle in the spiral is composed of 4 steps: determine objectives; evaluate alternatives and identify involved risks; develop and test; plan the next iteration. In each cycle in the spiral, a prototype is built to verify requirements through testing. For that reason, this metamodel doesn't fit with construction systems; or it needs to be adapted, as it is not possible to create "prototypes" in the construction industry, but only "models" of the product.

The Vee model [FORSBERG *et al.*, 1992] is an adaptation of the waterfall model. One of the main features of the Vee metamodel is the systemic approach of the system development: the product is considered a system composed of subsystems, subsubsystems, components, etc. which are successively developed in the process. Time and maturity of the project move from the left side to the right side of the diagram. The left leg of the V shape represents the different systemic development levels of the system, and the right leg represents the different assembling and validating stages of the system. The Vee model seems to be the model the construction should strive toward.

2.2.   Requirement Engineering

Requirement Engineering is a systematic approach consisting in rules and methods to specify and manage requirements throughout the entire system life cycle.

Activities related to RE process are mainly divided into two groups:

- **Requirements Modeling:** requirements are elucidated, analyzed, specified and validated;
- **Requirements Management:** storing, changing and tracing requirements (traceability).

Moreover, as far as textual requirements are concerned, the guide published by the Requirement Working Group of the International Council on Systems Engineering [INCOSE, 2015] states that they must be "necessary, appropriate, unambiguous, complete, singular, feasible, verifiable, correct and conforming" in order to avoid different interpretations, which may lead to rework, delays, cost overruns and less quality. Requirements have to be characterized at least by an ID, a short text explaining the requirement content, an allocation, a verification test and a reference for traceability. Adding other attributes is also possible, such as risk and status (e.g. verified, validated).

The activity of Requirement modeling involves formalizing needs and constraints of project stakeholders to requirements the system must follow [AFIS, 2012]. At least three types of requirements exist which are related to the three architectural views in systems architecting: *Operational Requirements* (expressing clients' needs), *Functional Requirements* (expressing what the system is doing) and *Organic Requirements* (expressing the system's components) [KROB, 2009] (figure 8). Eventually, constructability requirements expressing projects constraints are added.

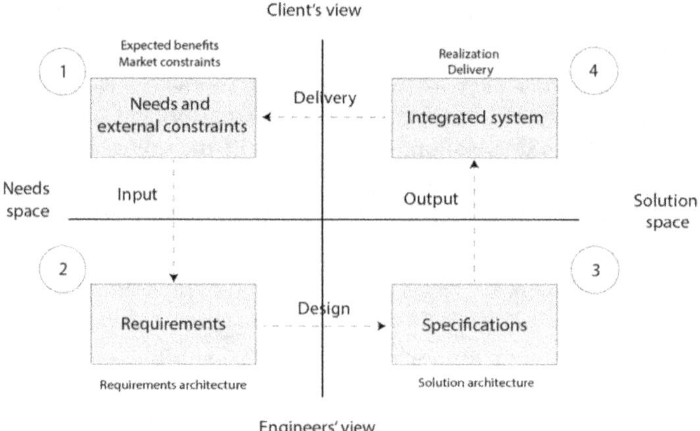

Figure 8. Requirement Engineering in the design process [KROB, 2009]

2.3.   MBSE (Model-Based Systems Engineering)

In its visions for 2025, INCOSE gives the following definition of MBSE [INCOSE, 2007]: "Model based systems engineering (MBSE) is the formalized application of modeling to support system requirements, design, analysis, verification and validation activities beginning in the conceptual design phase and continuing throughout development and later life cycle phases."

SysML (System Modeling Language) is the main and most used standardized language to describe and model complex systems. It has been developed by the OMG (Object Management Group) and is an adaptation of UML 2 (Unified Modeling language) for industrial systems. UML has been developed for software development; SysML is an adaptation of this language to industrial systems, notably by adding the possibility to model following elements [WEILKIENS, 2006], [ROQUES, 2009]: describe requirements and their traceability; represent non-software elements (mechanical, hydraulic, wiring, sensors etc.); represent physical equations; represent flows (material, energy, information); represent logical/physic; structure/dynamic allocations.

SysML diagrams are composed of 3 groups [OMG SysML, 2018] (Figure 9):
- Behavior diagrams: diagram of activity (represents the sequence of activities), diagram of sequence (represents information flows between subsystems), states diagram (represents the different states of the system and its transitions), use case diagrams (represents functional interrelations between the system and its environment).
- Requirement diagram: represents requirements the system has to fulfill and their relations.
- Structure diagrams: block diagram (represents composition, associations, and characteristics of the system), internal block diagram (represents the internal elements of the system), parametric diagram (represents equations that apply to the system), package diagram (represents the logical organization of the system and relations between packages).

Krob [KROB, 2009] considers that SysML has enough modeling capacity to model any industrial system. We do not fully agree with this assessment, as SysML does not give the possibility to model space characteristics of systems like topological relations or geometric descriptions. It would be required to make some adaptations and modifications to SysML to use it for construction systems.

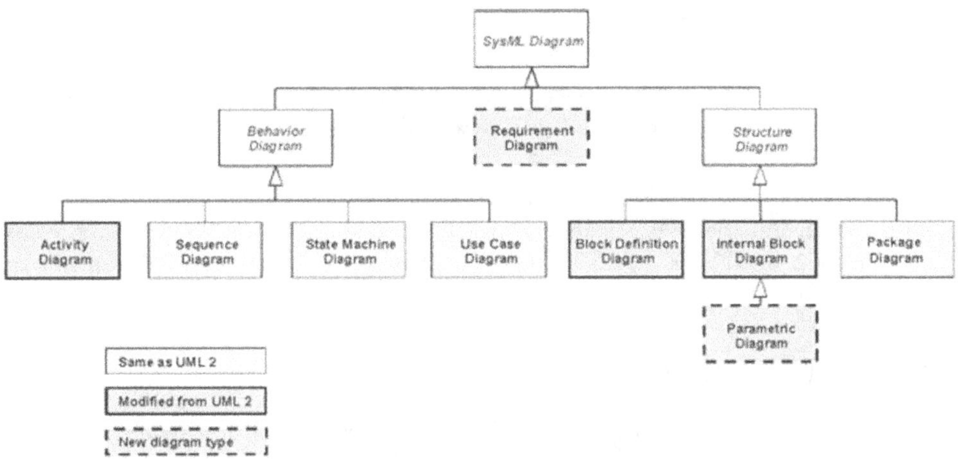

Figure 9. SysML diagrams (OMG SysML, 2018)

2.4.   Systems Engineering and BIM

MBSE, and more precisely the combined use of SysML and BIM models, has been studied by a few authors recently: Geyer [GEYER, 2012] uses parametric diagram in MBSE to capture dependencies between non-geometric performance and building design; Geyer states that it has allowed elucidating the description of non-geometric reasoning in the design process. Polit-Cassilas [POLIT-CASILLAS et al,. 2013] highlights that the combination of SysML and BIM-based tools could be a way to integrate different types of other software like CAM, CAE and simulation software. Castaing [CASTAING *et al.*, 2015] shows that the use of Systems Engineering and MBSE leads to better quality of information and improves the performance of Information Systems; he also highlights that this approach is not familiar enough in the construction industry for a broader implementation. Valdes [VALDES *et al.*, 2016] insists on the fact that there is a lack of manufacturing knowledge available for designers to fully benefit from the use of SysML and BIM tools; that is precisely the objective of the *constructability* corpus we will present in the next part. Mastrolembo and Ziv [MASTROLEMBO *et al.*, 2017] also highlight that the use of Systems Engineering and BIM could lead to the definition of new roles in all stakeholders of construction projects, from the defining of requirements by clients to new modeling activities in design teams and validation of MBSE models during implementation.

Moreover, as mentioned above: when defining requirements, it is necessary at the same time to define how they will be validated and verified. This activity involves a BIM point of view to define "BIM uses": "method of applying Building Information Modeling during a facility's lifecycle to achieve one or more specific objectives" [KREIDER *et al.*, 2013]. Therefore, requirements modeling and management are strongly linked with BIM developments. For almost each defined requirement where BIM technologies are intended to be used, a *BIM use* can be identified.

3. Constructability

Constructability is a knowledge corpus which consists of concepts, principles and criteria to consider construction knowledge and processes in development methods of construction projects.

The definition of Constructability has evolved from the "capability of being constructed" given by ASCE (American Association of Civil Engineers) in 1996 [CII, 1996] to the last definition given by IPENZ [IPENZ, 2008] in 2008 where constructability is mainly a "project management technique […] to prevent error, delays and cost overruns".

3.1. Constructability concepts and principles

Constructability principles, concepts and tools are implemented in all development phases of construction products from planning to realization (Figure 10). Kifokeris [KIFOKERIS *et al.*, 2016] and [NIMA, 2001] sum up the 10 constructability concepts, which are divided in 21 constructability principles in the three phases (design, execution and delivery). Other authors [WONG, 2007] define constructability criteria in order to efficiently consider constructability in the design of construction products.

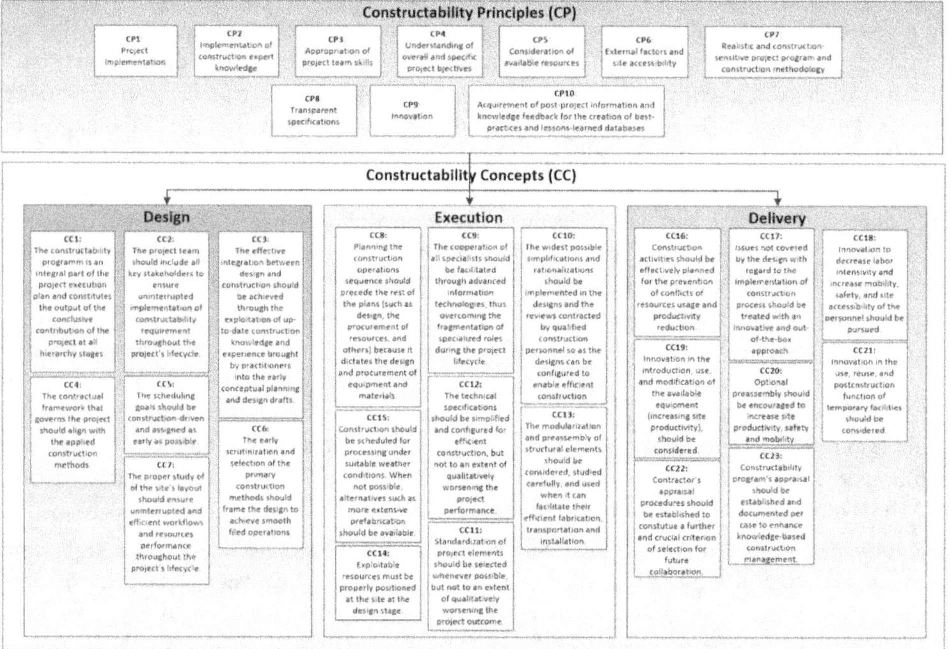

Figure 10. Constructability Principles (CP) and Constructability Concepts (CC) adapted from [NIMA, 2001] and [KIFOKERIS *et al.*, 2016]

3.2. Constructability as the link between the product and the project

In [JIANG, 2016], Jiang defines Constructability (purple block) at the intersection between the product (blue block) and the production system (yellow block) (figure 11). Constructability is not only a management process whose goal is to include construction knowledge into the design, but the "bridge" between the product and its production system.

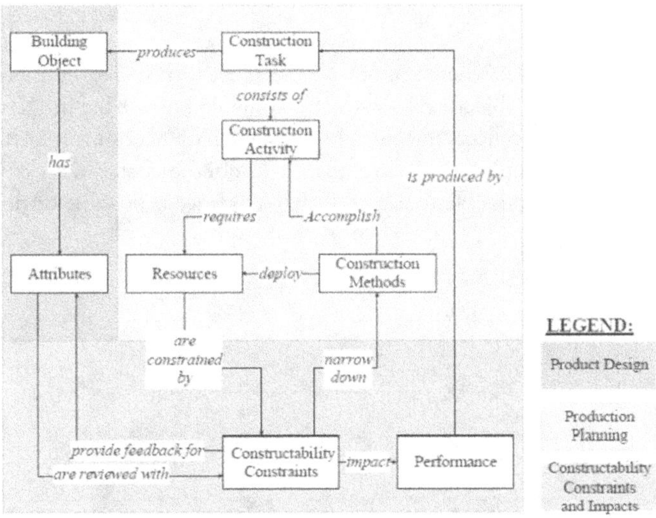

Figure 11. Constructability at the intersection between the product and its production [JIANG, 2016]

Getuli in [GETULI *et al.*, 2015] also supports the same concept that constructability is at the crossroads between the project and the product, but he considers the "product" only by its technical aspects and the "project" by managerial aspects.

3.3. Constructability and BIM

Links between Constructability and BIM go both ways:

- On one hand, BIM makes the verification of constructability requirements easier; Hijazi [HIJAZI *et al.*, 2009] and Getuli [GETULI *et al.*, 2015] argue that BIM facilitates the assessment of quantitative and qualitative constructability data. Jiang [JIANG *et al.*, 2013] highlights that BIM is an efficient way to automate constructability review. However, Jiang also insists on the fact that further investigation on constructability criteria, requirements and indicators is necessary, as well as a methodology to define them.

- On the other hand, constructability principles and concepts must be considered when defining BIM processes and information exchanged in IDM (Information Delivery Manual). The risk is of defining IFC, which cannot support evaluation of constructability reviews and the evaluation of constructability criteria with BIM models.

4.   The C-K theory

Contrary to other methods, the C-K theory objective is not to optimize systems nor to manage complexity, but to design innovative products. The main principle of the C-K theory is to model interactions between the Concept space (C) and the Knowledge space (K) (figure 13) [LE MASSON *et al.*, 2014]. In the following paragraph, we will briefly present the definition, logic, and structure of these two spaces, and the interactions between them (partitions and operators).

Concept Space (C-Space)

The Concept space is the space where unknown objects are formulated. In this space, it is still not possible to decide if an object exists with the available knowledge in (K). These objects are only *proposals*, and are called concepts. In [LE MASSON *et al.*, 2014], Hatchuel, Le Masson and Weil give examples of "flying boats", "mobile bus stations", or even "smiling forks" as concepts: it is not possible to assess if their existence is possible or not with current knowledge in (K).

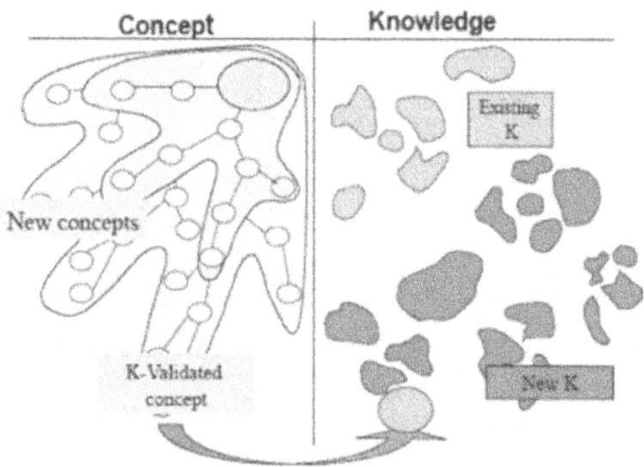

Figure 12. The C-K diagram [LE MASSON *et al.*, 2014]

Concepts can have different properties, but since each proposal is undecidable, it is only possible to add properties and not to extend one property.

One result of the C-K theory is that (C)-spaces have a tree structure. It involves that, when starting with a C_0 concept, developments of this concept will necessarily have a tree structure.

Knowledge Space (K-Space)

Unlike C-Space, K-Space elements have a logical status: they are true or false.

(K) can be modeled with taxonomies, ontologies, graphs, etc. The only constraint in (K) is that proposals can be assessed as *decidable* or *undecidable*. It is important to highlight that elements of (K) can come from engineers (mechanical engineers, civil engineers, structure engineers…) or designers (emotions, perceptions…). Elements of (K) can be very different and will influence design activities.

Elements in (K) can be divided in two subspaces: elements known since the beginning of the development of the concept and elements discovered or learned during the process.

The C-K theory enables developing innovative products. New products will lead inevitably to the creation of new functions, new components, new ontologies, new processes, and finally, new BIM objects and workflows to define. Standardization authorities must be watchful when new concepts are created, to which extent standards would be required to be adapted, or if new standards must be created.

Conclusion and discussion

In this article, we have presented 4 methodological corpuses to design man-made systems, each of them having its own purpose: optimization, complexity management, integration of project constraints, and developing innovative products. Further researches would be required to integrate or at least identify and formalize possible links between these methods. For instance, the Functional Analysis method is an efficient way to properly define requirements of the system, and could be used in Requirement Modeling. Constructability could evolve and integrate not only realization constraints, but more generally, all the constraints related to involved processes defined in Systems Engineering of a construction system, from planning to implementation. This is actually the on-going researches we are leading at IRC-ESTP (*Institut de Recherche en Constructibilité*). The C-K theory is an efficient way to invent new products, but it doesn't explain how to manage the complexity of such products. Defining how to start, from the defining of an innovative product and then to the management of its complexity during its development, would be an interesting way of research to develop innovative, complex systems.

Furthermore, most of the presented methods have not been set up for construction systems, and may require adaptations and modifications. For instance, considerations of spatial characteristics (geography, geometry, topology) of systems are not explicit in Systems Engineering, Functional Analysis, C-K theory, or even in constructability, whereas they are essential properties of construction products.

Discussions of possible implications and benefits of presented methodologies to BIM processes have been studied and would require more researches. In MINnD (*Modélisation des iNformations iNterropérables pour les iNfrastructures Durables*), a French research group working on the development of BIM in infrastructures, the question of the application of Systems Engineering to BIM processes is addressed, and is the subject of a working group (group UC1). Furthermore, in partnership with CEA Tech, we have also developed a SysML tool which enables modeling requirements and linking them to BIM models. This enables tracing the fact that all requirements are considered in the design, and also facilitates the checking, validation, and verification of requirements.

Remerciements : Les travaux décrits ci-dessus doivent beaucoup au projet MINND.

References

ALLAIRE, *Développement d'une approche systémique de la gestion patrimoniale d'un parc immobilier d'envergure nationale pour améliorer sa performance énergétique*, Thèse de doctorat, Université Paris-Est, 2006

AFIS (Association Française d'Ingénierie Système), *Découvrir et Comprendre l'Ingénierie Système*, version 3, 2009.

AFIS (Association Française d'Ingénierie Système), *Guide de bonnes pratiques en ingénierie des exigences*, Éd. Cépaduès, 2012.

BOEHM, A Spiral Model of Software Development and Enhancement. in *Compute*, 1988, pp 61–72

buildingSMART, IFC Overview summary (online), 1997 [cited : 03 10, 2018] http://www.buildingsmart-tech.org/specifications/ifc-overview

CASTAING, TOLMER, Gestion et modélisation des informations pour les projets d'infrastructure: vers l'ingénierie système à la gestion des exigences et le BIM, *Génie Logiciel*, 2015.

CII (Construction Industry Institute), *Constructability Implementation Guide*, University of Texas at Austin, 1996.

DEPARTMENT OF DEFENSE, Systems Engineering Fundamentals, *Defense Acquisition University Press*, 2001.

EASTMAN, TEICHOLZ, SACKS, LISTON, *BIM Handbook*. s.l. : Wiley, 2008.

EPPINGER, STEVEN, BROWNING, Design Structure Matrix Methods and Applications, *The MIT Press*, Cambridge, Massachusetts, 2012.

ESTEFAN, *Survey of Model-Based Systems Engineering (MBSE) Methodologies*. Pasadena, California : California Institute of Technology, 2008.

GETULI, GIUSTI, CAPONE, A Decision Support System (DSS) for constructibility assessment in seismic retrofit of complex buildings. s.l. : *Proceedings of the 32nd ISARC*, Oulu, Finland, 2015.

GEYER, Systems modelling for sustainable building design. *Advanced Engineering Informatics*. Technische Universität München, Faculty of Civil Engineering and Surveying, Faculty of Architecture, 2012.

GOBIN, Enrichissement de l'analyse fonctionnelle - apport de la construction. s.l. : *Techniques de l'ingénieur*, 2015. https://www.techniques-ingenieur.fr/base-documentaire/construction-et-travaux-publics-th3/l-environnement-societal-de-la-construction-42236210/enrichissement-de-l-analyse-fonctionnelle-c3060/

GONZVA, *Résilience des systèmes de transport guidéen milieu urbain: une approche quantitative des perturbations et stratégie de gestion*. Thèse de doctorat. Université Paris-Est, 2017.

HALL, *A methodology for systems engineering*. Princeton, N.J. : Van Nostrand, 1962.

HIJAZI, ALKASS, ZAYED, Constructability Assessment Using BIM/4D CAD Simulation Model. in *AACE International Transactions*, 2009.

INCOSE (International Council on Systems Engineering), INCOSE SE Vision 2020, 2007.

INCOSE (International Council on Systems Engineering), *Systems Engineering Handbook*, Wiley, 2015.

IPENZ (Engineers New Zealand), *Constructability*, 2008.

JIANG, SOLNOSKY, LEICHT, Virtual Prototyping for Constructability Review. *4th Construction Specialty Conference*, Montreal, 2013.

KIFOKERIS, DIMOSTHENIS, XENIDIS, YIANNIS, Constructability: Outline of Past, Present, and Future Research. [ed.] ASCE. s.l. : *Journal of Construction Engineering and Management*, 2016.

KOSSIAKOF, *Systems Engineering Principles and Practice, 2nd edition*. s.l. : Wiley, 2011.

KREIDER, MESSNER, *The uses of BIM, classifying and selecting BIM uses.* Penn State University, Computer Integrated Construction : s.n., 2013.

KROB, *Éléments d'architecture des systèmes complexes*, 2009.

KROB, *Éléments de systémique. Architecture des systèmes, OpenEdition books*, Collège de France, Paris, 2014.

LE MASSON, WEIL, HATCHUEL, *Théories, méthodes et organisations de la conception.* Paris : Presse des Mines, 2014.

LE MOIGNE, La théorie du Système Général. s.l. : *Les classiques du réseau Intelligence de la Complexité*, 2006.

MASTROLEMBO, ZIV, CIRIBINI, *Information Technologies and Information Requirements: A BIM-Based approach.* Heraklion, Greece : Proc. Lean & Computing in Construction Congress (LC3), 2017.

MAUGER, *Framework for integration of Services in Product requirements Definition Applied to Public Buildings.* Thèse de doctorat, Ecole Nationale des Arts et Métiers : s.n., 2015.

NIMA, *Constructability factors in the Malaysian construction industry.* Selangor : Thèse de doctorat, 2001

OMG (Object Management Group) SysML (System Modeling Language), Online] 2018. [Cited: 02 22, 2018.] http://www.omgsysml.org/what-is-sysml.htm.

POLLET, AZARIAN, *Analyse fonctionnelle des systèmes*, Presse des Mines, 2016

POLIT-CASILLAS, HOWE, *Virtual Construction of Space Habitats: connecting Building Information Models (BIM) and SysML.* AIAA SPACE 2013 Conference and Exposition, San Diego, California : Jet Propulsion Laboratory, California Institute of Technology, 2013.

ROQUES, *SysML par l'exemple, un langage de modélisation pour systèmes complexes.* s.l. : Eyrolles, 2009.

SERRE, *Évaluation de la performance des digues de protection contre les inondations. Modélisation de critères de décision dans un Système d'Information Géographique.* Thèse de doctorat. Université de Marne-la-Vallée : s.n., 2005.

RUPARELIA, Software Development Lifecycle Models. in *ACM SIGSOFT Software Engineering Notes*, 2010, p. 8.

JIANG, Supporting automated constructability checking for formwork construction: an ontology. *Journal of Information Technology in Construction*, 2016, p. 23.

TASSINARI, *Pratique de l'Analyse fonctionnelle.* s.l. : Dunod, 2003.

FORSBERG, MOOZ, The relationship of Systems Engineering to the Project Cycle. *Engineering Management Journal*, 1992, pp. 36–43.

TOLMER, *Contribution à la mise en place d'un modèle d'ingénierie concourante pour les projets de conception d'infrastructures linéaires urbaines : prise en compte des interactions entre enjeux, acteurs, échelles et objets.* Thèse de doctorat, Université Paris-Est, 2006.

VALDES, Applying Systems Modeling Approaches to Building Construction. *33rd International Symposium on Automation and Robotics in Construction (ISARC 2016)* : s.n., 2016.

WEILKIENS, Systems Engineering with SysML/UML, Modeling, Analysis, Design. s.l. : *Morgan Kaufman*, 2006.

WONG, *Developing and implementing an Empirical System for scoring Buildability of designs in the Hong Kong Construction Industry.* Hong Kong : The Hong Kong Polytechnic University Department of Building and Real Estate, 2007.

Conception

DialecBIM : une méthode d'évaluation du « dialectisme » des esquisses à l'ère du BIM

Vincent Gouezou[1]

MAAS-ENSAL.

vgouezou@anma.fr; vgouezou@gmail.com

Abstract

We present an ongoing study and argumentary questioning the relationship between BIM and sketching. The resulting "DialecBIM" methodology approach will be unveiled waiting for showing some results. In the field of CAD softwares, the impacts of the BIM implementation on traditional architectural representation involves many questions. We will particularly question the BIM's impacts on sketching as a dialectic mean to design architecture. Becoming standards, CAD softwares improperly called "BIM" are based on the *modelization* principle which —as we assume it— are supplanting the traditional approach by *representation* in architecture design: iterations and modifications are no longer based on several representations lying on different documents but are now based on a 3D BIM modelization. If we agree with this assumption, considering that *modelization* now prevails on *representation* in architectural design, sketching functions might be jeopardized, particularly on ideation phases at early stages of the project. We focalize on what Gabriela Goldschmidt called the "dialectics of sketching", or in other words, the *critic* and *controversy* functions of sketching. As we understand it, Goldschmidt assumes the reciprocity between two complementary and

---

1   Doctorant du laboratoire LACTH de L'ENSAPL et de l'équipe Mint du laboratoire CRIStAL, Lille Univ. Chargé de recherche d'ANMA, Agence Nicolas Michelin et associés.

contradictory points of view: "seeing as", which would be speculative and propositional, then "seeing that", which would be analytical and decisional. We will propose to re-use Goldschmidt's methodology, especially her annotative chart she invented for monitoring the design acts commented by architects, and to extend them to other sketching modes besides the traditional sketch by hand. Today, we only present the argumentary and methodology parts. In a later phase, we will present as a result the levels of "dialectism" of five different modes of sketching we want to evaluate. Special attention will be paid to the "bimable" sketching modality which, because it will have to be compatible with BIM modeling, requires a specific development: the *spatialization* of the drawing by means of virtual reality.

Key words

Dialectics of sketching, spatialized sketching in VR, BIM modelisation, architectural representation, gold digger dilemma.

Résumé

Nous présentons une étude en cours constituant un argumentaire qui porte sur les rapports entre le BIM et le dessin d'esquisse. La méthodologique « DialecBIM » résultante sera présentée en attendant de pouvoir communiquer des résultats. Dans le cadre du domaine des logiciels de CAO, les effets du BIM[1] sur la *représentation*[2] de l'architecture suscitent plusieurs questionnements. Nous questionnerons particulièrement l'effet des logiciels BIM sur le dessin d'« esquisse ». Devenant un standard, ces logiciels improprement appelés « BIM » sont fondés sur le principe de *modélisation*, bouleversant la tradition de la *représentation* de l'architecture, préemptant peut-être ce temps créatif : les itérations et modifications portant désormais sur un modèle 3D plutôt que sur de multiples représentations. Si, comme nous le supposons, le principe de *modélisation* se substitue au principe traditionnel de *représentation* de l'architecture, il devient possible que le rôle du dessin dans les tâches de conception architecturale soit remis en cause, notamment dans les phases d'« idéation », en début de projet. Nous discutons particulièrement des fonctions critiques et contradictoires du dessin d'esquisse que Gabriela Goldschmidt a nommé la « dialectique du sketching ». Telle que nous la comprenons, cette *dialectique* suppose l'alternance entre deux points de vue complémentaires et contradictoires : « voir que », qui serait spéculatif et propositionnel, puis « voir comme », qui serait analytique et décisionnel. Nous proposerons de reprendre le tableau annotatif de Goldschmidt servant à « monitorer » les actes de conception lors d'esquisses à la main, et de les étendre à d'autres modes d'esquisse. Aujourd'hui, nous présentons l'argumentaire et la méthodologie. Dans une phase ultérieure, nous en exposerons les résultats, qui établiront le niveau de « dialectisme » de cinq différents modes d'esquisses. Une attention particulière sera

---

1   Pour bien identifier le BIM, nous nous reposons sur la définition qu'en donne le comité National BIM Standard (qui relève du National Institut of Building Sciences), qui fait mondialement autorité sur le sujet : « le BIM se définit comme une représentation digitale des caractéristiques physiques et fonctionnelles d'un bâtiment. Le BIM est une ressource de connaissances partagées pour l'information d'un bâtiment ou équipement formant une base fiable pour la prise de décisions durant son cycle de vie, défini comme allant du tout début de la conception jusqu'à sa démolition » in (AIA, 2014) ; http://www.nationalbimstandard.org/faq.php#faq1

2   Ou présentation, si l'on tient à la thèse sur l'objectivité en science de Daston et Galison.

alors portée à la modalité d'esquisse « bimable » qui, parce qu'il devra être compatible avec la modélisation BIM, requerra un développement spécifique de spatialisation du dessin par les moyens de la réalité virtuelle.

Mots-clés

Dialectique de l'esquisse, dessin spatialisé en RV, modélisation BIM, représentation architecturale, dilemme du chercheur d'or.

Introduction : dessin et BIM

En tant que médium emblématique de l'architecte pour l'exploration graphique, le dessin d'esquisse traduirait au plus près ses idées selon de multiples façons et moyens qu'il serait difficile d'égrener. Mais si l'on admet que la prise de décision est une fonction majeure du dessin d'esquisse, nous nous focalisons sur le caractère « critique » du dessin d'esquisse tel qu'il permettrait de soupeser différents arguments de conception, caractère « dialectique » déjà identifié par (Goldschmidt, 1991) dans l'article intitulé *The dialectics of sketching*. Elle y a révélé la dualité du regard œuvrant dans le dessin d'esquisse, qu'elle décrit comme une alternance entre deux points de vue : « voir comme » et « voir que », dont les deux fonctions seraient respectivement de *conjecturer* et d'*analyser*. C'est la boucle réflexive résultant de cette alternance que Goldschmidt a qualifiée de « dialectique »[1]. Pourrions-nous observer une telle dialectique de l'esquisse en reproduisant l'expérience de Goldschmidt ? Pourrions-nous aussi la retrouver si nous étendons cette expérience à quatre approches informatisées de l'esquisse, deux avec une interface WIMP (*Window Icon Mice Pointer*) en DAO[2] et en BIM, puis deux autres, « manuelles », sur table tactile et en casque de réalité virtuelle ? Peut-il exister au moins un mode de dessin d'esquisse « bimable » et, le cas échéant, voir s'il présente une forme de réciprocité dialectique ? Cette poursuite se rattache au problème général de la « consensualité » de la *modélisation BIM*, qui semblerait contrevenir à la dynamique normalement plus « conflictuelle», ou du moins critique, du projet d'architecture.

1.   Travaux connexes

Vinod Goel avance que l'esquisse à la main convient à l'idéation des concepteurs d'une manière qui reste inaccessible aux moyens informatisés (Goel, 1995). Dominik Holzer considère que le processus d'alimentation réciproque observé entre le cerveau et le crayon n'a pas trouvé d'équivalent « informatisé » (Holzer, 2007)[3]. Ce point de vue ferait consensus selon Catherine Deshayes, qui considère le caractère fragmentaire du dessin d'esquisse à la main

---

1   « Le concepteur "voit comme" quand il utilise une argumentation "figurative" ou gestaltiste pendant qu'il pense son esquisse. Quand il ou elle "voit que", le concepteur avance des arguments non "figuratifs" qui appartiennent à l'entité qu'il est en train de concevoir. Le processus d'esquisse est une dialectique systématique entre les modalités de raisonnement "voir comme" et "voir que" ». in (Goldschmit, 1991, p. 131)

2   Dessin Assisté par Ordinateur, ex. la table à dessin électronique associée au logiciel Autocad©. in (Celnik & Lebègue, 2014, p. 38)

3   « *The reciprocal feedback processes which occur between pencil and brain during conceptual design have not been mirrored with according CAD tools.* » in (Holzer, 2007, p. 4)

comme fondamental : en tant que fragment « interprété » par l'architecte, le dessin d'esquisse permet la progression incrémentale du projet, passant progressivement du « flou » à la définition (Deshayes, 2014)[1]. Alberto Perez considère que le dessin équivaut, par convention, à la chose construite, et que ce principe fondateur de la *représentation* de l'architecture est bouleversé par les techniques de simulations numériques (Perez Gomez, 2007)[2], point de vue partagé par l'architecte Michael Graves[3]. Christian Girard suggère que les logiciels de conception architecturale glissent du principe de *représentation* à celui de *modélisation*[4] (Girard, 2014), glissement sur lequel nous insisterons pour fonder notre critique des logiciels de CAO- BIM :

« Les techno-sciences du XXIe siècle permettent désormais de modéliser-simuler l'édifice sans perte, de faire partager en temps réel le processus de projet sur un mode collaboratif entre des spécialistes experts dans des dizaines de disciplines qui concourent à ce que le modèle et /ou la simulation de l'édifice couvre le maximum de champs, réponde au maximum de critères qualitatifs identifiables et, *in fine*, se rapproche le plus d'une exhaustivité faisant de la maquette numérique la réplique la plus exacte et la plus complète de l'édifice, l'automatisation des tâches de fabrication, montage et construction *in situ* parachevant la continuité entre la conception et la réalité physique. »[5]

Cette thèse de l'affaiblissement du ressort fictionnel de la *représentation* du projet face à la puissance de simulation de la *modélisation* BIM conduit à questionner cette mutation vers la modélisation. Daniel Estevez[6] critique la nature trop consensuelle de la modélisation BIM. Il souligne la nature « dissensuelle » de la représentation architecturale traditionnelle procurant

---

1   « Ici l'objet in-forme et épuré matérialise un complexe d'idées. C'est dans la concentration et la concaténation de l'évident et de l'adéquat qu'il faut comprendre l'esquisse. C'est une réduction de la pensée à l'essentiel et au pertinent dans un temps réduit sous-tendu par l'intention de saisir un maximum d'informations à un instant donné. Parallèlement, la réduction du temps et la perte de précision dans le dessin permet d'effectuer cette concentration à l'essentiel de la pensée. Par ailleurs, le flou et l'imprécision de la forme permettent ou laissent une ouverture pour une complétude à venir. »

2   Merci à Sabrina Chenafi pour cette référence.

3   Michael Grave voit dans le dessin d'esquisse une modalité didactique irremplaçable : « For decades I have argued that architectural drawing can be divided into three types, which I call the "referential sketch," the "preparatory study" and the "definitive drawing." The definitive drawing, the final and most developed of the three, is almost universally produced on the computer nowadays, and that is appropriate. *But what about the other two? What is their value in the creative process? What can they teach us?* » in (Graves, 2012, p. 2)

4   « Avec la simulation non encore arrivée au seuil de la simulation, avant et sans la simulation, donc, nous resterions dans la représentation. Celle-ci établit certes un lien, une connexion, un rapport, comme on voudra, avec la réalité et l'être. En revanche, la représentation est abandonnée pour la présentation : on « entre dans le domaine », on ne se contente plus de le représenter. Le faire et l'action priment sur le visuel, même si la vision garde encore un rôle. » in (Girard, 2014, p. 271)

5   (Girard, 2014, p. 256)

6   « Les outils opérationnels « Building Information Models » […] correspondent précisément à l'expression la plus récente et la plus intéressante de ces techniques d'intégration et de partage de données. La représentation unifiée repose ici sur un principe de modélisation informationnelle préalable et structurée de l'espace bâti. Dans les approches BIM notamment, le modèle informationnel est susceptible de décrire de façon exhaustive tout bâtiment en termes de sémantique de ses éléments, de relations entre ceux-ci et de propriétés associées (attributs). Ce modèle est unique pour chaque édifice. Il peut être exploité et manipulé selon des points de vue spécifiques correspondant à des acteurs différents dans le processus de construction et de conception. La cohésion de ce genre de système peut être alors améliorée par l'augmentation de « l'interopérabilité » de ses composants, c'est-à-dire leur compatibilité logique et d'utilisation. On pourrait affirmer […] que la représentation unifiée existe lorsqu'une base de données centralisée ou son équivalent, formant un modèle consistant de la réalité nourrit toutes les exploitations qui peuvent en être faites et parallèlement est nourrie par ces exploitations. » in (Estevez, 2013, p. 10)

au concepteur l'adversité nécessaire, évoquant l'assertion Barthienne sur la nature conflictuelle du langage :

« En architecture [...] on ne passe pas de façon linéaire de l'énoncé d'un problème à sa résolution et la conception ne consiste pas « à partir d'une idée globale, à développer une famille formelle, puis une idée fonctionnelle, pour enfin régler des détails » comme l'affirmait Donald A. Schön[1]. La conception fonctionne au contraire exactement sur le modèle d'une conversation avec la situation. Il lui faut des obstacles, des détours, des relances, des répliques, des controverses. La représentation de consensus cherche à diminuer les désaccords, à unifier les langages, travaillant à rendre plus facile la communication fonctionnelle. Pour atteindre une efficacité d'action elle construit « un accord entre un mode de présentation sensible et un régime d'interprétation de ses données. » Tels ne sont pas les principes de l'approche dissensuelle car celle-ci vise a [*sic*]des transpositions et non à des traductions. [...] dans la représentation de dissensus ce sont [...] les conflits, les collisions et les dissociations qui opèrent. On y propose de circuler de représentations en représentations comme de mondes en mondes, sans liens préétablis, sans ressemblances prévues. [...] La représentation de consensus cherche à diminuer les désaccords, à unifier les langages, travaillant à rendre plus facile la communication fonctionnelle. Pour atteindre une efficacité d'action, elle construit « un accord entre un mode de présentation sensible et un régime d'interprétation de ses données.» »[2]

Pour clarifier, nous proposons de distinguer représentation et modélisation. Nous réserverons le terme de *représentation* à l'approche traditionnelle en DAO fondée sur la production de documents graphiques – en 2D. Sinon, nous parlerons de *modélisation* CAO-BIM – en 3D – pour désigner une approche par simulation géométrique et informationnelle d'un bâtiment constituant un objet-référent unique, et dont les fonctions de production de documents restent annexes. Goldschmidt a étudié l'esquisse architecturale en s'inspirant du philosophe et logicien Ludwig Wittgenstein :

« Le concept de penser une image ressemble plutôt à faire que recevoir »[3]

---

1 « Les concepteurs », je dirais, sont en transaction avec une situation de conception ; ils répondent aux exigences et aux possibilités d'une situation de conception qu'en retour, ils aident à créer. Ma formule, « conversation réflexive avec la situation », se réfère à une sorte de transaction de conception particulièrement importante, avec plusieurs types de familles sémantiques que je vais illustrer ci-dessous. [...] La situation de conception est matérielle, appréhendée, en partie, par une appréciation sensorielle active. Cela est vrai à la fois lorsque le concepteur est sur le site et qu'il ou elle opère dans le monde virtuel d'un bloc-notes, d'un modèle à l'échelle ou d'un écran d'ordinateur. Grâce à l'appréciation sensorielle active des mondes réels ou virtuels (en particulier dans mes exemples, en dessinant), le concepteur construit et reconstruit les objets et les relations avec lesquels il traite, en déterminant « de quoi il s'agit » à la conception, créant ainsi un « Monde de conception » dans lequel il fonctionne. Un monde de conception peut être unique à un concepteur ou peut être partagé avec une communauté de conception plus vaste [...] ». in (Schön, 1992) Trad.Gouezou

2 (Estevez, 2013, p. 7)

3 Wittgenstein in (Goldschmidt, 1991, p. 127)

Elle se réfère aussi aux travaux du psychologue spécialiste de l'Art Rudolph Arnheim, héritier gestaltiste[1]. Goldschmidt se focalise sur les arguments invoqués oralement par les architectes pour prendre des décisions de conception, « arguments » qu'elle relève au moyen d'une méthode d'annotation[2] spécifique destinée à enregistrer les paroles du concepteurs en train de dessiner. Chercheuse et architecte del'université du Technion, elle a participé au début des années 90 à une large étude intitulée « Thinking aloud » au MIT, consistant à étudier les explications orales d'architectes pendant un acte de conception permettant de décrire les séquences de leur travail. À cette occasion, elle a mis au point ce système annotatif distinguant les « arguments » de conception selon leur nature :

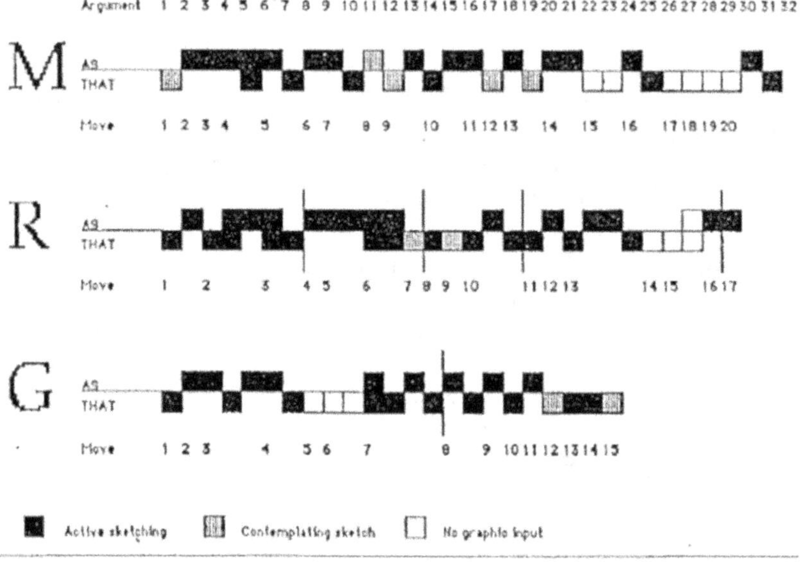

Figure 1. Système d'annotation mis au point et utilisé par Gabriela Goldschmidt en 1991 pour monitorer une séance de conception architecturale selon la nature « comme » ou « que » d'un argument.

---

1   « La théorie Gestalt, principalement créée par trois hommes, Maw Wertheimer, Wolfgang Kahler, et Kurt Koffka, utilise comme méthode en psychologie, physique, biologie, sociologie, etc., la description des fonctionnalités structurelles, les qualités globales de « systèmes », i.e. de ceux des choses naturelles ou évènements dans lesquels le caractère et la fonction de chaque partie sont déterminés par la situation totale. La méthode [...] refuse de réserver la capacité de synthèse aux seules « hautes » facultés de l'esprit humain, mais met l'accent sur les pouvoirs formatifs et, si je puis dire, l' « intelligence » des processus sensoriels périphériques, vision, ouïe, toucher, etc., qui ont été réduits par tradition théorique à la tâche de porter les briques de l'expérience de l' « architecte » du sanctuaire intérieur de l'esprit. De cette attitude résulte une forte sympathie et une profonde compréhension envers l'artiste. » in (Arnheim, 1943, pp. 71-72) TDLR.

2   Pour les quatre valeurs utilisées d'« inputs » figurant sur le schéma suivant, nous proposons les équivalences suivantes:

Argument = délibération = Idée, raisonnement, exploration, ouverture.

See as = voir comme, imaginer, idéer, spéculer. Intuition, ouverture.

See that = voir que = observer, analyser, constater. Perspicacité. Fermeture. Résultat. Information.

Move = mouvement =a vancée tangible. Dessin, fermeture.

« Goldschmidt décrit le processus de conception créative comme une interaction d'arguments et de mouvements. Les arguments sont les fruits de l'esprit du concepteur, les explorations de la tâche et des raisonnements afférents. Les mouvements sont des mouvements physiques engendrés par les arguments. [Ces mouvements] produisent des dessins [...]. Les images mentales dérivent de ces percepts optiques, mais elles n'en sont pas des copies identiques. [elles] sont fugaces, facilement effacées de l'ardoise de la mémoire et, pour cela, elles offrent une liberté que ne peuvent fournir les percepts optiques, spécialement dans leur rapport à l'espace. »[1]

Notons que cette métaphore de l'ardoise de la mémoire semble bien restituer la fragilité « cognitive » face aux flux d'idées. Le facteur temps jouerait un grand rôle en conception architecturale, notamment face à cette fugacité des idées contre laquelle l'examen critique pourrait jouer un rôle. Goldschmidt révèle les dimensions dialectiques du dessin d'architecte qui tente ainsi de « capturer » ses images mentales pour avoir, selon la formule de Schön, une « conversation avec la situation ». Si la cognition semble stimulée visuellement, c'est grâce au dessin d'esquisse qui stabiliserait et canaliserait le flux d'idées des images mentales, qui est beaucoup plus versatile. La réciprocité dialectique qu'offre le dessin d'esquisse consiste, selon l'analyse de Goldschmidt, en un « pattern » de séquence d'arguments de conception alternant entre deux modes de raisonnement, deux points de vue : « voir comme » et « voir que », qui traduiraient le double état du concepteur polarisé entre ses *conjectures* et ses *analyses* mises en boucle :

« Pour la plupart, les arguments « comme » sont précédés et suivis d'arguments « que » et vice versa. Tous les arguments « comme », à une exception près, furent faits en esquissant. Les arguments « que » furent autant faits en esquissant qu'à l'arrêt pour contempler des dessins d'esquisse en cours.[...] sur la base de ces résultats, il est proposé que le raisonnement de conception au moment de l'esquisse est caractérisé par de courtes séquences d'arguments alternant entre des modalités « voir comme » et « voir que ». Des alternances se produisent à la fois dans les mouvements et au travers des mouvements d'une manière cyclique, que nous appelons les « dialectiques de l'esquisse ».[2]

Jane Darke avait relevé un motif semblable de boucles itératives en trois temps : l'analyse, la conjecture et la génération (Darke, 1979). Parmi ces *arguments,* ou *délibérations* tel que les analyse Goldschmidt, les entrées graphiques servent plutôt l'*imagination*, à « voir comme », et les entrées plus « langagières » servent plutôt l'*analyse*, à « voir que ». Goldschmidt observe ainsi une symétrie entre les deux différents arguments, les quantités de « comme » et « que » est quasi égale, et leur alternance fonde ce caractère dialectique.

---

1   (Arnheim, 1993, pp. 15-16)
2   (Goldschmidt, 1991, p. 138) de données d'un projet

2.   La disparition latente du dessin en contexte BIM

2.1.   La modélisation supplante le document

Sous le vocable d'*interopérabilté*, le BIM comme processus marque l'application à l'architecture du principe d'*ingénierie concourante*[1], élaboré par l'industrie automobile dans les années 80 pour remplacer l'organisation *séquentielle*[2]. La linéarité de l'organisation *séquentielle* et son compartimentage provoquaient des blocages, limitait les échanges, retardaient la détection d'erreurs de conception, alourdissait la mise à jour de documents. En outre, cette nouvelle approche concourante[3] suppose le co-travail en temps masqué. Mais outre ces avantages, nous supposons que l'approche par modélisation BIM entraînerait une disparition des pratiques du dessin et une uniformisation des échanges qui pourraient pénaliser l'expression libre, effet collatéral qu'Estevez qualifie de « consensualité » du BIM, canalisant l'attention du concepteur sur des tâches d'information de la modélisation BIM unifiée, ce qui privilégierait les postures d'*exploitation* au détriment de celles d'*exploration*. L'image du *dilemme du chercheur d'or*, proposée par le chercheur en neurosciences Jean-Philippe Lachaux, exprime bien cette tension polarisant l'attention humaine prise en exploration et exploitation des idées :

[…] le cerveau de l'homme est sans cesse confronté au dilemme suivant : doit-il continuer ce qu'il est en train de faire ou bien passer à autre chose ? C'est ce que l'on peut appeler le « dilemme du chercheur d'or », qui, au bout de quelques heures passées sur un bord de rivière finit par se demander si l'emplacement d'à côté n'est pas un peu meilleur. […]. Ce dilemme entre exploitation et exploration concède toutes les espèces en quête de ressources limitées, car rester au même endroit, ou poursuivre la même activité, n'est pas toujours la meilleure option. Pour résoudre ce problème, notre cerveau utilise un système de neurones sentinelles qui évaluent constamment l'intérêt potentiel de ce qui se trouve à côté. Ce système est dit pré-attentif […] agit sur ce à quoi nous ne prêtons pas (encore) attention ».[4]

De ce point de vue, contrairement au dessin d'esquisse à la main, la *modélisation* BIM pourrait inhiber les démarches d'idéation plus aventureuses, notamment parce qu'elle constitue l'anticipation de l'effort de conception décrite par MacLeamy, FAIA / HOK, réduisant possiblement le temps spéculatif de l'idéation.

---

1   « L'ingénierie concourante favorise la réalisation simultanée des tâches. Il s'agit, au travers d'un modèle, d'arriver au partage des données d'un projet, grâce à des modèles communs, afin de limiter les ressaisies, redondances et pertes d'information [15]. L'ingénierie concourante est une nouvelle logique de conduite de projet qui anticipe certaines tâches et décisions pour retarder au maximum celles qui engagent des ressources lourdes et stratégiques. » (Celnik & Lebègue, 2014, p. 550)

2   « Christophe Midler […] a longuement étudié l'évolution des processus de projet. En 1996, dans son ouvrage Modèle gestionnaire et régulation économique de la conception, il a identifié et défini le modèle séquentiel […] sur trois points : une intégration dans l'entreprise de la plupart des expertises nécessaires au développement du projet ; une séparation des expertises entre différents métiers ; une coordination hiérarchique des expertises métiers en vue de réaliser le projet. » in ((Midler 1996) in (Chenafi, 2016, pp. 9-10)

3   « Dans leur ouvrage Gestion de l'innovation: Comprendre le processus d'innovation pour le piloter, Thomas Loilier et Albéric Tellier définissent l'ingénierie concourante comme un processus ayant pour objectif de «faire participer dès le début du processus d'innovation les différents intervenant dans les opérations ultérieures de fabrication et de distribution du produit nouveau. » […]. Il consiste à régler tous les problèmes du système séquentiel, c'est-à-dire [sic] pouvoir à la fois innover tout en maîtrisant l'ensemble des processus d'un projet. Dès lors, on réduit les délais de développement ainsi que l'ensemble des coûts du projet, de sa conception jusqu'à sa distribution et sa maintenance. » Loilier & Tellier in (Chenafi, 2016, p. 14)

4   (Lachaux, 2015).

2.2.　Le BIM : « processus » ou « logiciel » ?

Il est relativement courant de voir la notion de « BIM » associée à l'idée de « processus » plutôt qu'à l'idée de « logiciel ». Si cette vision du BIM comme méthode de conception nous semble fondée, rappelons aussi que l'acronyme « BIM » a été forgé par un VP d'Autodesk, Phil Bernstein[1], au début des années 2000. La question de l'interprétation du « BIM » comme logiciel ou comme processus de conception est une question régulièrement débattue. En conséquence, pour éviter de parler de « logiciel BIM », nous proposons de parler de « logiciel de CAO pour le BIM » ou de CAO-BIM, et son produit, la maquette numérique informée, renvoie à l'idée fondamentale de l'agrégation d'une base de données adossée à une maquette géométrique. Nous nommerons cet agrégat « modélisation BIM » :

« Le passage de la logique en 2D d'une « planche à dessin électronique » (Autocad© ou équivalents) à celle du logiciel d'architecture donnant une « maquette numérique bâtiment virtuel » : dans le second cas, une seule base de données contient l'ensemble des informations du projet ».[2]

La modélisation BIM formaliserait littéralement et exhaustivement tous les choix du concepteur évoquant un « avatar » en 3D du bâtiment projeté. Dans ce sens, la modélisation BIM constituerait bien un effort d'anticipation de la construction par les moyens de la simulation. La citation de Girard à ce sujet était explicite :

« [...] la maquette numérique [serait] la réplique la plus exacte et la plus complète de l'édifice [...] »[3].

Cette modélisation BIM serait réputée pouvoir contenir tout ce qui est nécessaire à la description du bâtiment tel qu'il pourrait exister en réalité, et permettre sa manipulation. Une grande entreprise française du BTP y trouve le moyen de « construire avant de construire »[4], révélant la recherche de limitation des risques en anticipant les aléas du chantier, mais pourrait aussi interroger les architectes quant à l'évolution de la notion de « projet ». La centralité de la modélisation BIM suppose aussi un changement de rapport aux documents qui sont devenus automatisés, délégués au logiciel (Holzer, 2007). Rendus annexes, les documents sont désormais mis en page « une fois pour toutes » puis mis à jour automatiquement à la moindre modification de la modélisation BIM. (Kiviniemi & Fischer, 2009) notent que, sans docu-

---

1　*Building Information Modelling.* La paternité de l'acronyme et son sens sont expliqués dans cette section de Wikipédia : « L'architecte Phil Bernstein, conseiller chez Autodesk, fut le premier à utiliser le terme BIM pour « *Building Information Modelling* ». Jerry Laiserin aurait ensuite aidé à populariser et à standardiser le terme, comme nom commun pour la représentation numérique du processus de construction, proposée jusqu'alors par les sociétés Tekla, Bentley Systems, Nemetschek (y inclus sa filliale Graphisoft) et Autodesk, pour faciliter les échanges d'informations et interopérabilités au format numérique. En accord avec celui-ci et d'autres, la première mise en œuvre du BIM fut réalisée en 1987 par le logiciel ArchiCAD de la société hongroise Graphisoft, avec son concept avancé du virtual building. ». in https://fr.wikipedia.org/wiki/Building_Information_Modeling

2　(Celnik & Lebègue, 2014, p. 38)

3　in (Girard, 2014, p. 256)

4　https://www.lemoniteur.fr/article/bouygues-construction-fait-la-promotion-du-bim-24662432

ment, il n'y a plus de démultiplication de ressaisies[1], qui sont alors limitées au seul modèle BIM :

« La racine du problème repose sur la réduction d'un objet 3D complexe, le bâtiment, en de multiples représentations en 2D, les dessins. Cela signifie que le même élément doit être représenté dans plusieurs documents […] Il est facile de comprendre que cette documentation compliquée et fragmentée est un problème. ».[2]

En 2014, nous avons pu observer chez ANMA des phénomènes semblables. Des « tablées » d'architectes travaillant en DAO, sur Autocad©, se confrontaient à des modifications tardives compliquées par la mise à jour de nombreux documents. La *modélisation* « BIM » semble avoir résolu ce problème, conformément à la prédiction de Holzer (Holzer, 2007) sur la libération des architectes du fardeau de la mise à jour constante des documents représentant le projet, la maquette numérique étant devenue le seul objet de focalisation. Il en résulte une simplification importante des modifications. Mais le gain de productivité résultant est-il sans conséquence ? Chénafi[3]– en se référant aux travaux de Robin Evans sur l'intérêt des ressaisies pour la construction – nous invite à penser que la modélisation a pour effet collatéral d'oblitérer la ressaisie comme moyen majeur de révision des choix de conception. Nous supposons que le BIM, objectivement consensuel, plus porté à l'*exploitation* qu'à l'*exploration* des idées, tendrait à clore les débats, à privilégier la réponse descriptive, quantifiée et catégorique, soit « la » bonne réponse, au détriment d'éléments intangibles, inclassables, ambigus, trop problématiques. Stéphane Huot avait aussi identifié l'inadéquation des logiciels de CAO aux tâches polysémiques d'idéation :

«Ainsi, lorsque l'architecte repasse des traits, les combine, les prolonge, ce n'est pas dans un but esthétique, mais bien dans une démarche de modification et de génération de nouvelles solutions. De telles actions et interactions sont impossibles avec un système de CAO : il est nécessaire d'avoir tout de suite la bonne solution, sous peine de devoir remettre en question toute la construction de l'objet ».[4]

Dans l'ambiguïté, il ne saurait y avoir de simulation fiable. Dans ce sens, la modélisation BIM impose bien la forme de *consensualité* dont parlait (Estevez, 2013), soit une forme de monosémie.

---

1 «un problème majeur de ressaisie apparaît aussi dans le processus séquentiel d'un projet d'architecture. En effet, les corps de métier intervenants et plus particulièrement celui de l'ingénieur, prend place tardivement dans la phase de conception, […]Le fait que l'ingénieur ne prenne conscience du projet qu'à la fin de cette phase, va engendrer de multiples ressaisies, prolongeant alors cette phase de manière conséquente afin d'assurer la meilleure entrée possible en phase d'exécution. » in (Chenafi, 2016, p. 16)

2 (Kiviniemi & Fischer, 2009, p. 43 44) Trad.Gouezou.

3 D'après Robin Evans dans « Translations from Drawing to Building and Other Essays », Sabrina Chénafi dit que « L'absence de ressaisies, enjeu majeur de la mise en place du BIM, promet certes l'optimisation non négligeable du temps de conception et des fonds de projet mais tend à rendre les outils conventionnels de représentation obsolètes, outils qui assuraient pourtant l'enrichissement d'un imaginaire constructif, garantissant alors une part de subjectivité au projet architectural » in (Chenafi, 2016, p. 103)

4 (Huot, 2005, p. 35)

3. Dissensualité de la représentation du projet

3.1. La notion médiate de projet

La notion de *projet architectural* s'apparente à une modalité tierce prise entre l'*objet* « bâtiment » à concevoir et le *sujet* opérant qu'est « architecte » ; cette triangulation entre *objet*, *sujet* et *projet* nous vient de Gaston Bachelard[1], mais aussi de Peirce et de sa triade sémiotique[2]. Cette étape intermédiaire du *projet* serait rendue tangible par les moyens de la représentation architecturale et de l'écriture. Évoquant un mouvement en avant, le *projet* voit la volonté du *sujet* concepteur se confronter à l' « opiniâtreté des choses matérielles »[3], aux contraintes, aux trouvailles, aux connaissances et aux intuitions, ainsi qu'à d'autres contingences. Vue sous cet angle, la littéralité de la modélisation BIM correspondrait peu à ce concept de *projet*, au point que nous proposons de distinguer les concepts de *projet* et de *modélisation* BIM. Moins « mobile », moins « questionnante », et plus monosémique que le *projet*, la *modélisation* BIM correspondrait plus à l'état de l'édifice fini – si l'on se réfère à Girard – qu'à l'idée du *projet* de l'édifice. La modélisation BIM – notamment parce qu'elle exclut les diverses techniques de *représentation* et l'expression libre, polysémique et ambiguë – conviendrait mal à l'approche critique, exploratoire et spéculative dont use traditionnellement l'architecte en début de *projet*, lorsqu'il travaille en se confrontant à la nécessaire adversité dont parlait (Estevez, 2013), à la fois pour répondre au programme et pour problématiser et sémantiser les éléments architecturaux qu'il manipule. Nous prenons ici la problématisation comme un moyen d'appropriation du problème, permettant le travail de conception architecturale. La notion de projet n'est pas abordée ici sur le plan collaboratif mais individuel, du point de vue de l'auteur, avant que celui-ci ne soit une modalité d'échange avec différents corps travaillant sur le même projet via des objets-intermédiaires – avec une mobilité entre les métiers – (Vinck, 2009) supportant des « représentations »[4] ou des objets-frontières – sans mobilité entre les

---

1   Référence aux propos de Bachelard à propos de la science moderne: « En fait, la vérité scientifique est une prédiction, mieux, une prédication. Nous appelons les esprits à la convergence en annonçant la nouvelle scientifique, en transmettant du même coup une pensée et une expérience, liant la pensée à l'expérience dans une vérification : le monde scientifique est donc notre vérification. Au-dessus du sujet, au-delà de l'objet, la science moderne se fonde sur le projet. Dans la pensée scientifique, la méditation de l'objet par le sujet prend toujours la forme du projet » in (Bachelard, 1934, p. 14)

2   Peirce décrit le processus sémiotique comme : « un rapport triadique entre un signe ou representamen (premier), un objet (second) et un interprétant (troisième). Le representamen est une chose qui représente une autre chose : son objet. Avant d'être interprété, le representamen est une pure potentialité : un premier ».

3   Référence faite à l'évocation de la formule de l'architecte Blondel par Antoine Picon lors d'une conférence au Collège de France à 17 :56 dans la vidéo (Picon, 2015)

4   « La représentation, via les objets intermédiaires, renvoie à l'idée d'inscription de quelque chose dans la matière de l'objet. L'objet tiendrait ainsi une partie de son sens et de son identité, de ses propriétés de ce qui est inscrit par les acteurs. Cette représentation est, en outre, double ; elle porte sur les processus en amont de l'objet et sur les projections en aval de l'objet. En amont, l'objet intermédiaire représente ceux qui les ont conçus. Il matérialise leurs intentions, leurs habitudes de travail ou de pensée, leurs rapports et leurs interactions, leurs perspectives et les compromis qu'ils ont établis. Parfois, l'inscription est négociée et conventionnelle et constitue un équipement de l'objet. L'objet intermédiaire constitue donc une trace et une marque de ses auteurs et de leurs relations » in (Vinck, 2009, p. 56)

métiers – (Star & Griesemer, 1989)[1]. Cette approche collaborative renvoie au concept d'interopérabilité, que nous ne traitons pas, même si elle constitue une piste de recherche intéressante. Nous nous limitons à la dimension dialectique impliquant l'auteur-architecte et son projet par le biais des représentations.

3.2.　Le BIM oblitérant la notion de projet

Considérons l'impossibilité pour l'architecte de connaître par avance la chose à inventer (Le Moigne, 1987) :

« Inventer, concevoir, c'est chercher ce qui n'existe pas et pourtant le trouver, s'étonnait Quatremère de Quincy, citant Plaute, dans «de l'Imitation» (p. 176). Chercher ET trouver ce qui n'existe pas, ce n'est plus établir la connaissance d'un objet ; c'est quasi nécessairement, construire la connaissance d'un Projet. Pour chercher, il faut un chercheur intentionnel, qui quête («to search») une connaissance dans l'acte même de la construire.».[2]

Concevoir ce qui, de fait, n'existe pas encore, supposerait que la modalité tierce du *Projet* se substitue à l'objet (édifice) en tant que construction mentale réifiée par des documents graphiques tels des dessins d'esquisse. Selon nous, sans dessin d'esquisse, et par la force de la simulation de la réalité, le BIM oblitèrerait la notion médiate de *projet*: le *sujet* architecte se trouvant, par la qualité et l'exhaustivité de la modélisation BIM, directement confronté à un avatar de l'objet-bâtiment relevant plus de la notion d'*objet* – où règne la description rationnelle – que de *projet* – où subsiste l'intuition. Nous proposons l'hypothèse que la modélisation BIM, en oblitérant le *projet* et ses représentations, tendrait à confronter directement *sujet* et *objet*. Nous doutons que la *modélisation* BIM permette à l'architecte de penser de façon aussi contradictoire et dialectique que nécessaire pour l'idéation, contrairement au dessin d'esquisse (Kiviniemi & Fischer, 2009) :

« Les concepteurs n'apprennent pas juste à dessiner ; ils apprennent à penser au travers des dessins ».[3]

Viollet-Le-Duc considérait le dessin comme un support à la communication des idées architecturales :

« [...] le dessin est un des moyens les plus rapides de communiquer la pensée et, en même temps, un des plus sûrs [...] Il y a donc là, je le répète, un langage nécessaire que tout le monde doit pratiquer, qu'elle que soit sa position sociale ; qu'on soit un travailleur manuel, un ouvrier, ou qu'on suive une carrière plus élevée : le dessin est une nécessité qui s'impose à tous. [...] Il s'agit d'un art positif, qu'on peut exercer d'une manière médiocre mais encore utile. ».[4]

Pérez-Gómez évoque le principe d'équivalence entre la chose dessinée et la chose projetée :

1　« [...] le processus que suppose la description des objets-frontière. Ma façon d'élaborer le concept au départ a été motivée par le désir d'analyser la nature du travail coopératif en l'absence de consensus. À la fin des années 1980 et toujours aujourd'hui, de nombreux modèles de coopération ont été créés conceptuellement selon l'idée qu'en premier lieu un consensus doit être obtenu pour que la coopération puisse commencer. [...] Le consensus n'était que très rarement obtenu et, quand il l'était, restait très fragile alors même que la coopération continuait, bien souvent sans problème. Comment pouvait-on expliquer cela ? » in (Star, 2010)

2　(Le Moigne, 1987, p. 5)

3　(Fallman 2003 ; 229) in (Kiviniemi & Fischer, 2009, p. 48)

4　(Bergh, 2013, p. 156)

« [...] la conception architecturale et sa réalisation assument généralement une correspondance d'égal à égal entre l'idée représentée et le bâtiment final. Le fait que les médias numériques rendent cette transcription littérale plus accessible engendre une réticence à remettre ce postulat en question ».[1]

L'approche en CAO-BIM pencherait du côté de l'analyse et de la littéralité, négligeant la délibération supposée par les tâches de conception architecturale, plus intuitives. Concernant le processus de prises de décision, Herbert Simon propose de départager ce qui, dans le processus décisionnel, relève de la rationalité de ce qui relève de l'intuition (Simon, 1984)[2]. Catherine Quinet expose comment les modalités inventives complètent les modalités analytiques étant donné la rationalité limitée :

« [...] la délibération a ceci de remarquable par rapport au calcul qu'elle manipule des objets qui sont pour certains inventés (Mongin, 1986, p. 598). [...] la délibération est irréductible au calcul car elle invente pour partie les objets qu'elle manipule. C'est cette différence précisément que manque l'approche optimisatrice de la rationalité limitée. Il nous faut maintenant revenir à la distinction qu'a introduite H. Simon[3] entre le procédural et le substantiel. [...] seul un modèle de type procédural de la rationalité, c'est-à-dire un modèle qui intègre les moyens auxquels l'agent recourt pour faire face à la complexité cognitive, serait à même de saisir la place de l'invention dans le comportement rationnel. [...] Ces processus, qui composent la phase délibérative, font appel aux facultés de raisonnement et d'invention. »[4]

Goldschmidt désigne le dessin et les tâches de conception qu'il supporte comme une pratique réflexive semblable, polarisée entre le calcul et la délibération, l'intention et la découverte, l'idéation et l'analyse ; soit une façon de « voir comme », qui relèverait de l'imagination et de la proposition, soit une façon de « voir que », qui relèverait de l'analyse:

« [...] le concepteur "voit comme" quand il ou elle utilise une argumentation "figurative" ou gestaltiste pendant qu'il ou elle pense son esquisse. Quand il ou elle "voit que", le concepteur avance des arguments non "figuratifs" qui appartiennent à l'entité qu'il est en train de concevoir. Le processus d'esquisse est une dialectique systématique entre les modalités de raisonnement "voir comme" et "voir que" ».[5]

Alternativement, un argument exploratoire mêlant interprétation et intention d'un côté, entraîne un argument factuel mêlant observation, analyse, et constat d'un autre côté, et réciproquement. Ces « micro-boucles » marquent la progression incrémentale des décisions de conception. « Voir comme » permettrait de « proposer » une idée, d'ouvrir les possibles, quand « voir que » permettrait de « disposer », de fermer les débats pour prendre une décision. Si nous pouvons convenir que le dessin d'esquisse aide l'architecte à « dialoguer » avec ses

---

1   (Perez Gomez, 2007).

2   « [...] la délibération a ceci de remarquable par rapport au calcul qu'elle manipule des objets qui sont pour certains inventés (Mongin [1986], p.598). [...] la délibération est irréductible au calcul car elle invente pour partie les objets qu'elle manipule. C'est cette différence précisément que manque l'approche optimisatrice de la rationalité limitée. Il nous faut maintenant revenir à la distinction qu'a introduite H. Simon entre le procédural et le substantiel. [...] seul un modèle de type procédural de la rationalité, c'est-à-dire un modèle qui intègre les moyens auxquels l'agent recourt pour faire face à la complexité cognitive, serait à même de saisir la place de l'invention dans le comportement rationnel. [...] Ces processus, qui composent la phase délibérative, font appel aux facultés de raisonnement et d'invention. » in (Quinet, 1994, p. 145)

3   « La prise de décision fait appel à des processus délibérés ou réfléchis et à des processus intuitifs et aussi à des processus de type émotionnel qui orientent l'attention. » in (Quinet, 1994, p. 146)

4   (Quinet, 1994, p. 145)

5   (Goldschmidt, 1991, p. 131). Trad.Gouezou

idées, et peut-être avec son projet lui-même, la modélisation BIM pourrait-elle, au prix de quelques aménagements, offrir une forme comparable de réciprocité « dialectique » ?

Figure 2. ANMA 2017. Persistance de la pratique de dessin à la main en phase descriptive avancée

4. Quel niveau de réciprocité dialectique aurait un mode « bimable » de dessin d'esquisse ?

La modélisation BIM et le dessin d'esquisse sont-ils antinomiques ? Ce caractère prédictif de la *modélisation* BIM, permis par la grande qualité de simulation, présume le bâtiment achevé, le rend consensuel, et oblitère ainsi l'idée de risque inhérent au processus du *projet*. Il favoriserait ainsi une forme de prudence, dont on peut se demander si elle ne serait pas préjudiciable à la créativité. Le conflit serait, selon le sémiologue Roland Barthes[1], générateur de sens ; les représentations du projet par l'ambiguïté et la polysémie et, au-delà, par l'adversité du contexte et des contraintes qu'ils portent, peuvent apparaître comme les moyens *dissensuels* permettant la délibération de l'architecte et son appropriation des problèmes posés par un projet dans son contexte, et ainsi de faire *sens*[2]. La *modélisation* BIM devrait être distinguée

---

1   « Le paradigme c'est l'opposition de deux termes virtuels dont j'actualise l'un, pour parler, pour produire du sens. Le paradigme est binaire. Selon la perspective saussurienne, à laquelle, sur ce point, je reste fidèle, le paradigme, c'est le ressort du sens : là où il y a sens, il y a paradigme, et là où il y paradigme (opposition), il y a sens. Dit elliptiquement : le sens repose sur le conflit (le choix d'un terme contre l'autre) et tout conflit est générateur de sens : choisir *un* et repousser *autre*, c'est toujours sacrifier au sens, produire du sens, le donner à consommer. » (Barthes, 1977-1978, p. 31)

2   « [...] pour sauver le monde, il faut être ingénieur. Pour lui donner sens, il faut être architecte. » in (Picon, 2013)

du *projet*, car elle inciterait plus à se protéger qu'à se projeter, tendrait plus à résoudre qu'à problématiser. Mais, malgré cela, la modélisation BIM et le dessin d'esquisse sont-ils intrinsèquement antinomiques ? Dans la négative, forme de dessin « bimable » offrirait-t-elle une forme comparable de réciprocité dialectique ? Confortés par une cinquantaine de recherches depuis 1960 – à compter du *Boeing Man* de William Fetter ou du *Sketchpad* de Sutherland – dans le domaine des IHM[1] et de l'informatique graphique, nous formons l'hypothèse qu'il pourrait tout à fait exister au moins un mode « bimable » de dessin d'esquisse. Par « bimable », nous entendons une forme de dessin d'esquisse libre porté à la modélisation BIM. Si, comme Goldschmidt, nous considérons la réciprocité dialectique comme une caractéristique majeure du dessin d'esquisse, nous focaliserons notre étude sur ce critère de réciprocité « dialectique ». À terme, les résultats produits par la méthode que nous proposons aujourd'hui devront conforter ou non l'inadaptation des outils de CAO à l'esquisse qui semble faire consensus (Deshayes, 2014) :

« Nous constatons que l'architecture numérique et les outils CAO ou de modélisation actuels ne permettent toujours pas d'interpréter l'esquisse de l'architecte qui nécessite des liaisons « intelligentes » (Leclercq, Martin, Deshayes & Guena, 2004), et cela bien que certains outils de CAO comme AutoCAd, Rhino ou Sketchup offrent la possibilité de réaliser des esquisses numériques. La numérisation de cette complexité de l'architecture, si elle est possible, nécessite le détour par la compréhension du processus en identifiant en premier lieu les caractéristiques de l'émergence de ce type de dessin. Leur utilisation fait appel à des schèmes de conception qui diffèrent de ceux de l'esquisse manuelle. Le fait est qu'actuellement, ils ne permettent encore ni d'égaler ce processus de conception ni d'interpréter ce type de dessin. »[2]

Nous signalons les avancées intéressantes (Singh *et al.*, 2014)[3] dans le domaine de l'interprétation informatique en 3D de dessin d'esquisse à la main ; bien qu'elles soient limitées au domaine du design d'objets et qu'elles nécessitent une relative clarté graphique. Plus généralement, les outils de CAO sont – à raison – jugés trop contre-intuitifs (Beaudoin-Lafon,1997), notamment lors de la première phase de recherche de conception architecturale, dite d' « idéation » :

« Michel Beaudouin-Lafon dans [Beaudouin-Lafon, 1997], où il calcule qu'une application « standard offre 150 commandes dans ses menus, 60 boîtes de dialogue, et 80 outils ». Si l'on ne considère alors que le temps nécessaire à la prise en main, l'adaptation et la découverte des fonctionnalités, ce fait rend tout de suite un système de CAO excessivement complexe dans un contexte créatif par rapport à l'utilisation d'un simple papier et d'un crayon ».[4]

Nous verrons si la modalité de dessin que nous utiliserons en RV, que nous avons qualifiée de « dessin spatialisé », s'avère ou non adaptée au contexte de la modélisation BIM, notamment du point de vue du « dialectisme ». À ce stade, selon ce résultat, il n'est pas exclu d'explorer ensuite cette piste de recherche.

---

1   Interaction Homme Machine

2   (Deshayes, 2014)

3   L'équipe de Karan Singh du laboratoire DGP, université de Toronto, est à l'origine de recherches comme True-2form, qui porte sur l'interprétation en 3D de sketching 2D.

4   (Beaudoin-Lafon,1997) in (Huot, 2005, p. 36)

5. Méthode DialecBIM

5.1. Comparaison de cinq différents modes d'esquisse

Nous reprenons la méthode mise au point par Goldschmidt en 1991 pour monitorer des séances de conception architecturale, avec pour visée d'établir le degré de dialectisme du dessin d'esquisse à la main (ces séances de conception orales, organisées au MIT, étaient nommées *Thinking aloud*). Nous utiliserons cette même grille annotative pour monitorer quatre autres modalités d'esquisse, afin d'en indiquer le degré de « dialectisme », et ce de façon comparable. Il s'agit respectivement d'évaluer l'esquisse exécutée en DAO (ex. sur Autocad©), en CAO-BIM (e.g. sur Revit©), à la main sur table tactile grand format, et enfin en dessin spatialisé par les moyens de réalité virtuelle. Les résultats de ces comparaisons diront ce qui, en termes d'esquisse, est « dialectique » ou pas et, le cas échéant, d'en évaluer le degré. Garder la même grille annotative permettra de soutenir la comparaison avec l'étude de Goldschmidt. Étant donné notre argumentaire, cette étude comparative élargie s'adresse aux problèmes soulevés par le BIM, et pourra conduire à des investigations plus avancées concernant les esquisses « bimables », produites en CAO-BIM ou en RV-BIM par les moyens du dessin spatialisé et dans l'espace 3D de la modélisation. Nous devrons cependant adapter la méthodologie de Goldschmidt pour au moins deux raisons. La première provient d'une critique d'un des sujets de 1991, Martin, arguant que l'abstraction de l'épure fournie ne constituait pas une base suffisamment contextualisée et spécifiée pour pouvoir travailler :

« Martin [...] était mal à l'aise avec la tâche de conception dès le départ. Il avait deux objections : d'abord, il trouvait que l'épure fournie était assez "épouvantable. Je m'en sortirais mieux avec un autre plan, c'est sûr", dit-il. Ensuite, il considérait qu'il lui était impossible de travailler sans disposer d'un site spécifique, expliquant : "Je me sens impuissant car je pense que l'architecture, c'est l'organisation de l'espace en trois dimensions, mais en lien avec un site, avec une situation... Si je ne connais pas l'orientation, c'est très difficile". Il a finalement consenti à "jouer le jeu": "je ne ferais pas un plan comme celui-ci, mais puisqu'il est là, j'accepte d'organiser la chose..." ».[1]

En conséquence, nous avons cherché à contextualiser les cinq exercices de manipulation avec du contenu original, mais en évitant une trop grande disparité entre ces cinq contenus. Pour cela, nous nous sommes tournés vers l'association Europan France pour demander le droit d'utiliser les documents d'analyse de cinq sites français, en format court ou long. L'égale qualité des documents d'Europan nous permet ainsi de disposer de contenus synthétiques et « contextualisés », à la fois différents et exempts de disparités qualitatives, garantissant de pouvoir les comparer. Arrivés à ce stade, nous avons été confrontés à une autre difficulté : comment optimiser le temps passé avec nos sujets, sachant qu'ils devraient se livrer à cinq manipulations au lieu d'une seule en 91, qui durait en moyenne deux heures ? Il nous paraissait impossible de demander à des sujets, par ailleurs professionnels et affairés, de se livrer à dix heures de manipulations consécutives. Nous avons alors décidé de réduire les deux heures à quarante minutes, dont dix serviront à prendre connaissance du fascicule synthétique d'Europan14. Goldsmith constatait des disparités dans l'état d'avancement de ses trois sujets, sans que cela n'empêche de les comparer. Un problème supplémentaire se pose ensuite concernant

---

1   (Goldschmidt, 1991, pp. 132-133) Trad.Gouezou.

l'échelle des sites Europan, souvent très étendus : nous pallierons ce problème en apportant une focale supplémentaire, plus circonscrite et architecturale. Par souci de maintenir un certain niveau de comparaison, les sujets travailleront sur le même site et le même « programme architectural » pour chaque modalité d'esquisse éprouvée.

MODALITÉ D'ESQUISSE	SITES EUROPAN14	PROGRAMME SUPPLÉMENTAIRE	SURFACE m^2
Main	Angers	Bibliothèque	2 000
DAO	Aurillac	Groupe scolaire primaire	3 000
CAO-BIM	Bègles	Logements	5 000
Main sur table tactile	Besançon	Piscine publique	2 000
Dessin spatialisé en RV	Grigny Ris-Orangis	Bureaux	5 000

Concernant les cohortes exécutant les tâches de conception monitorées, nous devons trouver des sujets expérimentés et aptes à toutes les tâches, du dessin à la main, à la DAO, à la CAO BIM, au dessin sur table tactile et au dessin « spatialisé » ; en conséquence de quoi la rareté de cette polyvalence a réduit au nombre de trois les sujets lillois – extensible à trois sujets lyonnais –, logiquement presque tous quadragénaires. Si ce chiffre de six semble faible, rappelons que l'étude de 1991 exposait l'étude de trois sujets. Un sujet lillois supplémentaire, étudiant polyvalent, est impliqué dans les tests préalables du protocole.

5.2. Adaptation de VAirDraw au « dessin spatialisé bimable »

Des séances préparatoires, menées à l'aide des équipes de recherche Mint et Pirvi de l'université de Lille au sein de l'agence d'architecture ANMA, ont permis, sur la base de la version « artistique » de VAirDraw[1], d'ajouter les fonctionnalités requises pour son portage au domaine architectural. Présenté par son concepteur, Samuel Degrande, comme l'équivalent en 3D d'un outil de dessin de type « Paint », VAirDraw correspond maintenant à nos visées de dessin spatialisé au prix de quelques adaptations. Il s'agit de faciliter les modalités de déplacement (accélération, déplacements, changement d'échelle), les modalités d'annotation (ligne droite par deux points, snapshot) et les modalités de mesures propres à l'architecture, ainsi que la fonctionnalité d'importation de modèle 3D. Un problème de perte d'informations s'est posé : nous n'avons pas pu préserver la couche « sémantique » de la modélisation BIM lors de son portage en réalité virtuelle. Contraints à une exportation en format .dae (collada), nous sommes partis du principe que seule la couche annotative créée via VAirDraw nous intéressait, cette couche annotative pouvant être renvoyée vers le modeleur CAO-BIM. Les séances de dessin spatialisé pourraient constituer une étape menant à l'élaboration d'un cahier des charges ou, du moins, à renseigner sur les potentialités du dessin spatialisé par rapport à une modélisation BIM.

---

1   http://cristal.univ-lille.fr//pirvi/projects/VAirDraw/

5.3.   Problème de la préservation sémantique entre CAO-BIM et RV

Nos recherches nous ont toutefois permis d'identifier au moins trois familles de solutions possibles à ce problème de rupture de « continuité sémantique » entre l'outil de CAO-BIM et VAirDraw. La première solution consisterait en la captation du signal OpenGL[1] émis par la plupart des logiciels de CAO (ex. Catia©, Revit©, Allplan©, Archicad©, etc.) ou des logiciels médicaux, ou autres, à l'image des démonstrateurs proposés par la société française Techviz[2]. La deuxième famille de solutions consiste en la maîtrise du workflow utilisant le format d'échange de fichier IFC, et de tester si l'interopérabilité dont elle est le vecteur (Doukari et al 2017) serait extensible en réalité virtuelle. Il reste à savoir si ce besoin de préservation de la couche sémantique serait extensible en réalité virtuelle. Une troisième famille de solutions répond partiellement à cette préoccupation, en mettant en balance un poste de CAO-BIM doté d'une interface classique WIMP et une scène collaborative utilisant deux casques de RV selon un principe d'échange qualifié de « bidirectionnel »[3], où chaque modification induisait une mise à jour dans le dispositif « symétrique »[4]

---

1   « Un des premiers projets d'interception d'OpenGL fut WireGL, qui utilisait une méthode d'interception transmettant les commandes OpenGL à un ou plusieurs canaux-serveurs. WireGL a évolué en Chromium, mieux connu, une librairie logicielle de répartition de décisions graphiques vers un environnement d'affichage en cluster. Depuis lors, Chromium a été utilisé pour afficher des graphismes à partir d'applications fermées dans des systèmes de réalité virtuelle immersifs, tels que l'Allosphere à l'université de Californie à Santa Barbara. TechViz est un produit commercial semblable à Chromium. Il utilise une approche basée sur l'interception pour visualiser les graphiques générés par une application de bureau sur les systèmes immersifs en RV3. » in (Zielinski *et al.*, 2014) Trad.Gouezou

« One of the first OpenGL intercept projects was WireGL, which used an intercept method to transmit OpenGL commands to one or more pipeservers [5]. WireGL evolved into the better-known Chromium, a software library for distributing streams of graphics calls to a cluster-based display environment [4]. Chromium has since been used to display graphics from closed-source applications in immersive VR systems, such as the Allosphere at the University of California Santa Barbara [3]. TechViz is a commercial product similar to Chromium. It uses an intercept- based approach for viewing the graphics generated by a desktop application on immersive VR systems. »

2   Techviz. http://www.techviz.net/

3   « Comparée à diverses approches existantes, notre nouvelle approche consiste à avoir un échange bidirectionnel de données entre les systèmes. Les modifications apportées à Revit se reflètent directement dans VR et vice versa, en mettant continuellement à jour le modèle et sa base de données sous-jacente. Nous avons pu mettre en œuvre une gamme d'interactions, mais c'est encore un moyen d'identifier d'autres interactions utiles et de les mettre en œuvre. » in (Kieferle & Woessner, 2015, p. 69) Trad.Gouezou

4   (Kieferle & Woessner, 2015, p. 69).

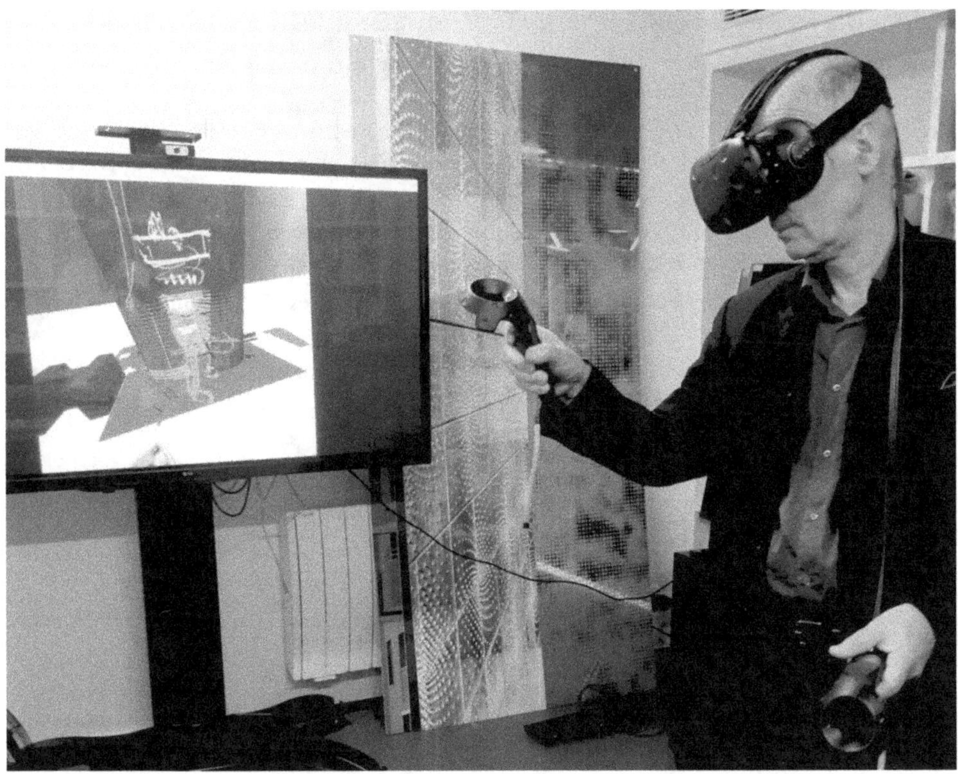

Figure 3. Séance de test de VRairDraw par Nicolas Michelin au sein d'ANMA aidée de Mint et Pirvi, université de Lille, 18/07/2017

Références bibliographiques

in Frequently Asked Questions About the National BIM Standard-United States - National BIM Standard - United States". Nationalbimstandard.org. Retrieved 17 October 2014. [En ligne] Available at: http://www.nationalbimstandard.org/faq.php#faq1, consulté le 17 octobre 2014].

Arnheim, R., Gestalt and Art.in *The Journal of Aesthetics and Art Criticism*, 2(8), 1943, pp. 71-75.

Arnheim, R. Sketching and the Psychology of Design. in *Design Issues*, 9(2), 1993, pp. 15-19.

Bachelard, G. *Le Nouvel Esprit scientifique*. Paris, PUF, 1934.

Barthes, R. *Le Neutre, cours au collège de France*. Paris: Seuil Traces écrites, 1978.

Bergh, C. D., *Eugène Viollet-le-Duc: théorie et pratique ultime de la restauration*, 1874-1879. s.l.:s.n, 2013.

Celnik, O. & Lebègue, E. *BIM et maquette numérique pour l'architecture, le bâtiment et la construction*. Eyrolles et CSTB éditions éd. Paris: s.n., 2014.

Chenafi, S. *Le BIM: vers un nouveau paradi(s)gme?*. Mémoire de Master. ENSAPL. éd. Villeneuve-d'-Ascq: Mémoire de Master. ENSAPL, 2016.

Darke, J. *The primary generator and the design process. Issue 9*, 1979, pp. 325-337, p. 325.

Deshayes, C.. L'esquisse : (re)contextualisation du fragment par un observateur averti. in: *Conception et réutilisation*. Paris: Europia.

Doukari, O., Naudet, B. & Teullier, R., Merging IFC-based BIM models: A new paradigm and co-design support tool. in *International Journal of 3-D Information Modeling (IJ3DIM)*, 6(1), 2017.

Estevez, D. Le concepteur émancipé, dissensus et conception en architecture. in : K. Z. Claude Yakoub, éd. *Echelles, espaces, temps Ouvrage*, Paris..:Europia productions, 2013.

Estevez, D. & Tiné, G. Project and Projections: Sorne Advantages of the Principle of Opacity. in *Perspective, Projections & Design*. Abingdon-on-Thames : Routledge, 2006.

Girard, C. L'architecture, une dissimulation. La fin de l'architecture fictionnelle à l'ère de la simulation intégrale. in *Modéliser & Simuler*. Paris: Editions Matériologiques. Collection "Sciences & Philosophie", 2014, pp. 246-292.

Goel, V. *Sketches of Thought*. MIT Press.

Goldschmidt, G., The Dialects of Sketching. in *CREATIVITY RESEARCH JOURNAL*, janvier 1991, .pp. 123-143.

Graves, M., Architecture and the Lost Art of Drawing. *NYT*, 1 09, 2012.

Holzer, D. Are you talking to me? Why BIM alone is not the answer.. in: *AASA, éd. Kirsten, Orr; Sandra, Kaji-O'Grady;*. Sydney, 2007.

Huot, S. *Une nouvelle approche pour la conception créative: De l'interprétation du dessin à main levée au prototypage d'interactions non-standard. Human-Computer Interaction.* Thèse de doctorat, Université de Nantes: <tel-00010210>, 2005.

Kieferle, J. & Woessner, U. *Bim interactive: about combining bim and virtual reality. A Bidirectional Interaction Method for BIM Models in Different*. Wien, 2015.

Kiviniemi, A. & Fischer, M., Potential obstacles to using BIM in architectural design. in : Routledge, éd., *Collaborative Construction Information Management*. s.l.:s.n, 2009.

Lachaux, J.-P. *Le cerveau funambule*. Odile Jacob Sciences éd. Paris, 2015.

Le Moigne, J.-L. Qu'est-ce qu'un Modèle ?. in *CONFRONTATIONS PSYCHIATRIQUES, Issue numéro Spécial consacré aux MODELES*, 1987.

Marx, K., *Le Capital*, 1867.

Pérez-Gómez, A. *Questions of representation, The Poetic Origin of Architecture*. Routledge éd. Londres, 2007.

Picon, A. *L'architecture doit rendre perplexe* [Interview], 26 juin 2013.

Picon, A., *La recherche par le projet : au-delà de l'architecture*, 2015. [En ligne] Available at: http://www.college-de-france.fr/site/jean-louis-cohen/symposium-2015-01-16-16h00.htm, consulté en octobre 2016].

Quinet, C., Simon et la rationalité. in *Revue française d'économie*, 9(1), 1994, pp 133-181.

Schön, D., *Designing as reflexive conversation withe the materials of a design situation*. 3(3), 1992, pp. 131–147.

Simon, H., 1984. Reason in Human Affairs. in *The Journal of Politics*, 46(3), 1984, pp. 993-995.

Singh, K. *et al.*, *True2Form: 3D Curve Networks from 2D Sketches via Selective Regularization*. ACM Transactions on Graphics, Volume 33, Issue 4 (SIGGRAPH 2014 Papers)

Star, S., Ceci n'est pas un objet-frontière! réflexion sur l'origine d'un concept. in *SAC Revue d'Anthropologie des connaissances*, 4(1), 2010, pp. 18-35.

Star, S. & Griesemer, J. Institutionnal ecology, 'Translations', and Boundary objects: amateurs and professionals on Berkeley's museum of vertrebate zoologie". in *Social Studies of Science*, 19(3), 1989, pp. 387-420.

Vinck, D. De l'objet intermédiaire à l'objet-frontière. Vers la prise en compte du travail d'équipement. in *SAC Revue d'anthropologie des connaissances*, 3(1), 2009, pp. 51-72.

Zielinski, D. J., McMahan, R. P., Shokur S., Morya E., Kopper R., *Enabling closed-source applications for virtual reality via OpenGL intercept-based techniques*. Minneapolis, 2014.

Pour une interopérabilité dynamique

Bernard Ferries[1], Aurélie de Boissieu[2]

[1] Laboratoire de Recherche en Architecture, ENSA de Toulouse

[2] Grimshaw Architects

e-mails : bernard.ferries@toulouse.archi.fr[1], aurelie.deboissieu@grimshaw.global[2]

Abstract

This paper focus on the process of sharing data in two contexts: while the work is in progress within a team and while the data is shared in between teams. For these two contexts, we interrogate the technologies and processes available to answer interoperability requirements.

Both interoperability by open format and dynamic web-based interoperability emerge as major technologies from the state of the art. Their specificities, strengths and limits are interrogated, in the perspective of the feedback from their implementation in architectural practice.

Key words

BIM, collaboration, cooperation, computational design, dataset, dynamic interoperability, open format, federated data, common data environment, IFC

Résumé

Cet article s'intéresse à deux contextes de partage de données : celui des travaux en cours menés en interne par un intervenant du projet et celui du partage avec les autres intervenants. Pour ces deux contextes, nous explorons et comparons les pratiques d'interopérabilité en œuvre dans la conception architecturale, du point de vue des pratiques professionnelles et des outils et méthodes.

L'interopérabilité par format ouvert et l'interopérabilité dynamique émergent tout particulièrement de cette analyse. Leurs spécificités, leurs implémentations dans la pratique et leurs complémentarités sont interrogées. Cette analyse est mise en regard avec des retours d'expérience d'une agence d'architecture.

Mots-clés

BIM, collaboration, coopération, environnement de travail partagé, conception numérique, dataset, format ouvert, fédération de données, interopérabilité dynamique

Introduction

La mise en œuvre du BIM dans une opération implique une organisation adaptée et la rédaction de documents de référence comme la convention BIM. Ces sujets sont traités dans la norme ISO/DIS 19650 en cours de préparation qui s'inspire d'une des normes britanniques définies pour accompagner le passage au BIM niveau 2 [BS 1192-2, 2013].

Elle introduit le concept d'espace commun des données[1] et propose de le structurer en quatre parties, comme illustré dans le schéma ci-dessous :

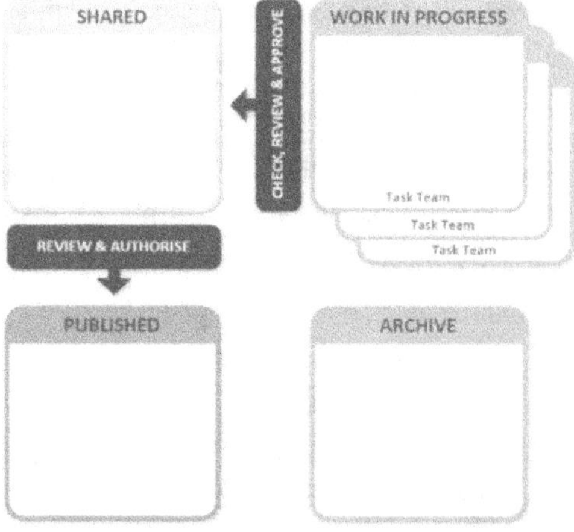

Figure 1. Espace commun des données

---

1   Common Data Environment (CDE)

Nous allons nous intéresser tout particulièrement à deux contextes, celui des travaux en cours et celui du partage. Les travaux en cours sont menés dans un espace privé réservé à l'un des intervenants du projet, comme l'agence d'architecture. Cet intervenant mobilise un ensemble d'outils complémentaires qui sont utilisés à plusieurs reprises car c'est le moment d'envisager et d'étudier diverses variantes de la solution. Dans le contexte du partage, il s'agit de publier des livrables qui vont être analysés, contrôlés et exploités par les autres intervenants. Ces livrables doivent en général répondre à un cahier des charges spécifique ou au volet BIM du programme. Il est fréquent de demander que les maquettes numériques soient livrées au format IFC.

Cet article explore et compare les pratiques d'interopérabilité en œuvre dans ces deux contextes, et notamment du point de vue des pratiques professionnelles et des outils et méthodes.

Cet article s'organise en quatre parties. Dans un premier temps, nous positionnons les enjeux de l'interopérabilité en particulier au regard des données partagées et des leurs structurations possibles. Dans un deuxième temps, nous présentons les principales solutions techniques pour l'échange de données entre logiciels et nous nous intéressons plus particulièrement aux solutions d'interopérabilité dynamique. Leurs spécificités et leurs impacts sur les espaces et pratiques de partages de données sont développés en troisième partie. Enfin, une quatrième partie discute les pratiques d'implémentation de ces processus d'interopérabilité dynamique dans le cadre de l'agence d'architecture Grimshaw Architects.

1. Enjeux de l'interopérabilité : interfaces entre logiciels et structuration des données partagées

Nous appelons interopérabilité la capacité d'un système ou d'un produit à travailler avec d'autres systèmes ou produits sans un effort particulier de la part de l'utilisateur. Dans le domaine du logiciel, l'objectif poursuivi est de transférer des informations d'un logiciel à un autre, sans perte d'informations et sans intervention de l'utilisateur.

1.1. Multiplication des interfaces et modèle de données centralisé

Les interfaces entre logiciels étant coûteuses à développer et à maintenir, il est intéressant de réduire leur nombre en définissant un modèle de données partagé. C'est ce qu'illustrent les deux schémas ci-après, inspirés de présentations de l'Association Internationale pour l'Interopérabilité (IAI), créée en 1995[1]. Devenue depuis BuildingSmart International, elle a défini plusieurs standards dont les IFC, modèle conceptuel de données orienté objet.

---

1   https://www.buildingsmart.org/about/about-buildingsmart/history/

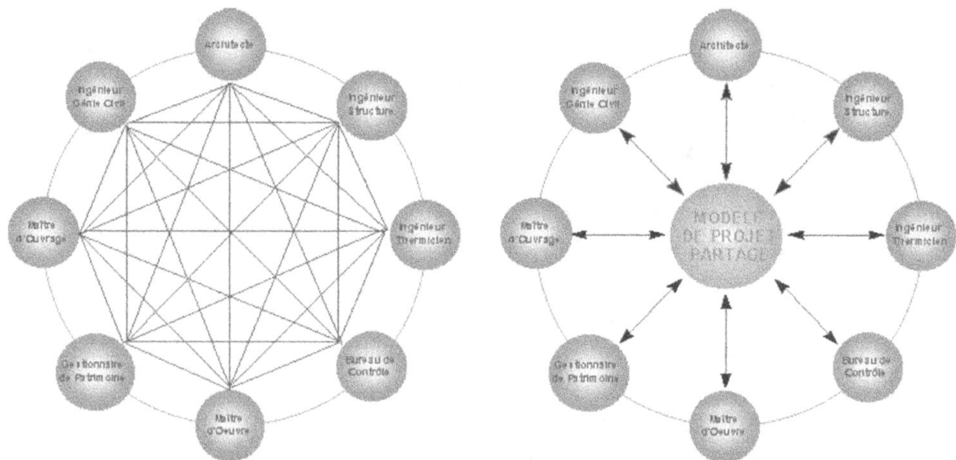

Figure 2. Réduire le nombre d'interfaces grâce à un modèle partagé

La solution d'un modèle pivot devient intéressante à partir de 3 applications, et cet avantage est d'autant plus fort que le nombre d'applications est élevé : ainsi, pour 5 applications communicantes, le nombre d'interfaces bidirectionnelles est réduit de 20 à 10.

Si cette question de la multiplication des interfaces entre logiciels a été un des moteurs du développement des IFC, elle mérite d'être réinterrogée vingt ans plus tard à la lumière de l'évolution des techniques et des pratiques professionnelles induites.

1.2.   De la base de données centralisée à des datasets distribués

Le terme dataset ou « jeu de données », est souvent utilisé dans le domaine de l'information géographique. Il désigne un ensemble de données relatives au même système de projection. Il est disponible dans un format adapté à son type (image pour les modèles numériques de terrain et les ortho-images, et vecteur pour les objets ponctuels, linéiques et surfaciques). Pour modéliser un territoire, l'utilisateur d'un logiciel SIG collectera et exploitera plusieurs datasets (le modèle numérique de terrain, les parcelles, les emprises des bâtiments, les ortho-images, etc.).

On peut se procurer des datasets auprès de l'IGN, qui produit et maintient plusieurs bases de données[1], mais aussi auprès des collectivités qui diffusent des données ouvertes ou libérées[2], ou encore sur Open Street Map[3]. Il est utile de connaître le contenu des datasets ; de plus, le comité technique 211 de l'ISO a défini un modèle de métadonnées qui sert de base à la structuration de catalogues de données géographiques [Métadonnées, 2014].

Dans le bâtiment, le besoin de formaliser des métadonnées est à l'origine de la définition de chartes de nommage de fichiers. Le nom d'un fichier de plan ou d'une maquette numérique contient par exemple la référence à l'étendue (le bâtiment complet, un niveau, …), l'émetteur, le type de document, la spécialité, la phase et l'indice de révision pour distinguer les

---

1   BD TOPO, ALTI, ORTHO, ADRESSE, ... (http://professionnels.ign.fr/donnees)

2   Exemples : Open Data Toulouse Métropo*le (//*data.toulouse-metropole.fr/*)*, Open Data Paris (//opendata.paris.fr/), data Grand Lyon (//data.grandlyon.com/)

3   http://openstreetmap.fr/

versions successives. Certaines plateformes collaboratives imposent la saisie des métadonnées d'un document dans différents champs pour aboutir au même résultat : avoir une indication sur le contenu d'un dataset sans avoir à l'ouvrir, et pouvoir sélectionner aisément des datasets par une recherche multicritère.

Dans cet article, nous appelons « dataset » un jeu de données faisant partie du système d'information d'un projet de construction. Ce jeu de données est disponible sous la forme d'un fichier dont le format correspond au type de données qu'il contient. Les données contenues dans le dataset sont géolocalisées dans la plupart des cas, et font alors référence au même repère.

Ces datasets désignent des réalités multiples, des données plus ou moins élaborées, et les métadonnées associées sont plus ou moins formalisées. En voici quelques exemples :

- la maquette numérique d'un bâtiment pour la discipline Chauffage Ventilation Climatisation (CVC), fournie dans un fichier IFC ;
- un objet BIM selon plusieurs niveaux de détail, défini spécifiquement pour un projet, enregistré au format RFA ou GSM à l'aide du plugin LENA[1] de Rhinoceros ;
- un fichier XLS conforme au format COBie [BS 1192-4, 2014] ;
- le fichier du plan du 1er étage, au format DWG ;
- un fichier CSV contenant des coordonnées de points qui conditionnent la position d'éléments ponctuels dans un autre fichier.

2. Principales solutions techniques pour l'échange entre applications

2.1. Échanges entre applications via un outil d'intermédiation

Dans les domaines du bâtiment comme de l'information géographique, certains éditeurs se positionnent sur l'échange et la transformation de datasets.

L'importance du marché de l'information géographique a suscité le développement de standards par l'Open Geospatial Consortium dans un partenariat étroit avec le comité technique 211 de l'ISO. Il n'en demeure pas moins que de très nombreux formats de fichiers sont utilisés aujourd'hui, ce qui explique le succès d'un outil comme FME de la société SAFE.

FME permet de connecter des applications, de transformer des données et d'automatiser des processus[2]. Dans l'exemple suivant[3], les locaux d'un bâtiment sont exportés sous la forme d'un tableur à partir de la maquette numérique d'un bâtiment au format IFC. Après complément de saisie avec le tableur, un deuxième traitement assure la mise à jour de la maquette IFC à partir du contenu du tableur.

---

1   https://info.bimobject.com/bimscript
2   FME supporte plus de 350 formats et modèles de données associés.
3   Updating IFC Example. https://knowledge.safe.com/articles/594/updating-ifc-example.html

Figure 3. Extrait de l'interface de FME

Autres exemples de processus automatisables par FME : la transformation d'un fichier IFC en LOD 200[1] en un fichier CityGml en LOD 3[2]. On peut ainsi développer des passerelles entre le monde du BIM et la norme IFC, et entre le monde des SIG et le standard CityGML. Ces transformations sont toutefois complexes, et ne peuvent être spécifiées que par une personne dûment formée à l'outil et connaissant bien les modèles IFC et CityGML.

2.2. Échanges entre applications via un format standard

La version 4 des IFC est la norme ISO 16739, et le format de fichier IFC est conforme à la norme ISO 10303-21. On notera que ce format est remarquablement stable : la première édition date de 1994, et celle qui est utilisée aujourd'hui date de 2002, avec des compléments en 2016 pour prendre en compte notamment la signature électronique et le format compressé. La plupart des logiciels du secteur de la construction sont aujourd'hui capables d'échanger en IFC en export et en import[3]. C'est la seule solution neutre et ouverte pour l'échange de maquettes numériques. Il peut arriver que l'utilisateur soit confronté à des problèmes lors de l'import d'un fichier IFC. Plusieurs origines sont possibles, que nous allons mettre en évidence en suivant les étapes de l'échange entre une application A (émetteur) et une application B (receveur) :

Tableau 1. Étapes de l'échange entre une application A (émetteur)
et une application B (receveur) via un fichier IFC

	Étapes	Qui	Commentaires
1	Modélisation des informations à transmettre dans le fichier IFC	Utilisateur A	Le modeleur BIM est souvent tenu de respecter un cahier des charges BIM imposé par le maître d'ouvrage.
2	Réglage des principaux paramètres d'export : Etendue (les éléments visibles, tout le projet, certaines classes d'objets, …) Propriétés à exporter : outre les psets définis dans la norme (ex : psetWallCommon), les quantités de base ou encore les propriétés propres au logiciel émetteur Correspondances entre les catégories d'objets proposées à l'utilisateur et les classes IFC	Utilisateur A	L'un des paramètres d'export est la vue, sous-ensemble du modèle complet des IFC. Plusieurs ont été définies par BuildingSmart[4], ainsi qu'un standard pour les représenter, MVDxml5. D'autres peuvent être définies en réponse à des exigences bien précises.

---

1   Au sens de la spécification du BimForum. http://bimforum.org/lod/

2   LOD est pris au sens « Level Of Development », concept issu du standard CityGML. http://www.opengeospatial.org/standards/citygml

3   https://www.buildingsmart.org/compliance/certified-software/

4   http://www.buildingsmart-tech.org/specifications/ifc-view-definition

5   http://www.buildingsmart-tech.org/specifications/mvd-overview

	Étapes	Qui	Commentaires
3	Contrôles de qualité et de conformité au cahier des charges BIM	Utilisateur A ou tiers	Auto-contrôle du modeleur et/ou contrôle du coordinateur BIM [MOP]
3	Publication sur une plateforme collaborative	Utilisateur A	
4	Téléchargement du fichier, réglage éventuel de paramètres d'import et import ou ouverture du fichier dans B	Utilisateur B	Contrôle du processus et de son résultat

Un problème d'échange peut trouver son origine dans la façon dont la modélisation a été effectuée avec A (incomplétude de la modélisation des locaux d'un bâtiment, absence de regroupements de locaux, …), mais aussi dans les réglages effectués lors de l'étape 2.

Le fait que le fichier d'échange soit disponible en IFC permet à un des utilisateurs impliqués dans l'échange ou à un tiers (coordinateur BIM, BIM manager, AMO BIM) d'analyser le contenu de l'échange.

L'application B peut aussi avoir des difficultés à interpréter correctement le contenu du fichier d'échange.

Par expérience, beaucoup de problèmes se résolvent en revenant aux étapes 1 et 2, sur la façon de modéliser et d'exporter le modèle en IFC. Le groupe de travail « IFC et interopérabilité » de Mediaconstruct est parvenu à la conclusion qu'il fallait que B explicite mieux ses besoins que A méconnaît parfois. A est par ailleurs susceptible de transmettre des informations à plusieurs applications. Le cas le plus fréquent, c'est une maquette numérique produite par un architecte utilisant A, maquette qui sera exploitée par le BET structure, le BET fluides et l'Économiste. Suite à ce constat et dans le but de diffuser de bonnes pratiques, les éditeurs de logiciels ont commencé à rédiger et publier des fiches de spécification du processus à suivre pour que les besoins d'information de B soient correctement satisfaits par les informations provenant de A [Mediaconstruct, 2017].

Ce processus d'échange implique plusieurs personnes. Il est partiellement automatisé et des contrôles resteront longtemps nécessaires. Il semble incontournable lors de la production et de la publication des livrables dus en fin de phase. Il présente toutefois un inconvénient majeur, c'est le manque de réactivité qu'il entraîne.

Dans un monde idéal où les applications seraient parfaitement interopérables, les informations seraient transmises de façon fluide. La coopération des intervenants en serait grandement facilitée, et on n'hésiterait pas à évaluer le projet beaucoup plus tôt, même avec des données encore imprécises et sujettes à des modifications ultérieures.

2.3.   Données liées (*Linked Data*)

« Les données liées sont la publication de données structurées sur le web et reliées entre elles pour constituer un réseau global d'informations accessibles via un système de requêtes. » [PTNB, 2017]

Ces technologies issues du web sont prometteuses, car elles permettent « la publication (ou le partage), l'interconnexion et la réutilisation de ressources (données) hétérogènes » [PTNB, 2017].

Au sein de BuildingSmart, le groupe de travail « Linked Data » a spécifié ifcOWL, représentation du modèle IFC sous la forme d'une ontologie [ifcOWL, 2017]. Il a également démontré par plusieurs « preuves du concept » le potentiel des données liées à prendre en charge certains traitements du contenu de fichiers IFC [Mendes *et al.*, 2014] [Pauwels *et al.*, 2016].

3. Interopérabilité dynamique par modélisation des flux de datasets

3.1. Un outil de gestion et de transfert de datasets

Flux.io est un outil très proche de l'idée de données liées présentée précédemment.

FLUX.io[1] se présente comme un outil qui associe un système central de base de données en ligne, un ensemble de plugins en nombre limité et une interface de modélisation des flux et des traitements de données en ligne. L'idée est que, depuis des plugins installés sur des applications logicielles diverses (Excel, Revit, Rhinoceros, Grasshopper, Dynamo, Autocad, etc.), des données peuvent être envoyées et reçues nativement via une plateforme web (voir illustration ci-après). Ces données peuvent être lues et utilisées dans chaque application. Ces échanges sont organisés par projets et par *data keys*, qui correspondent à des datasets. Ils peuvent être paramétrés pour être synchrones ou non, et être effectués par tout utilisateur « invité » à un projet spécifique.

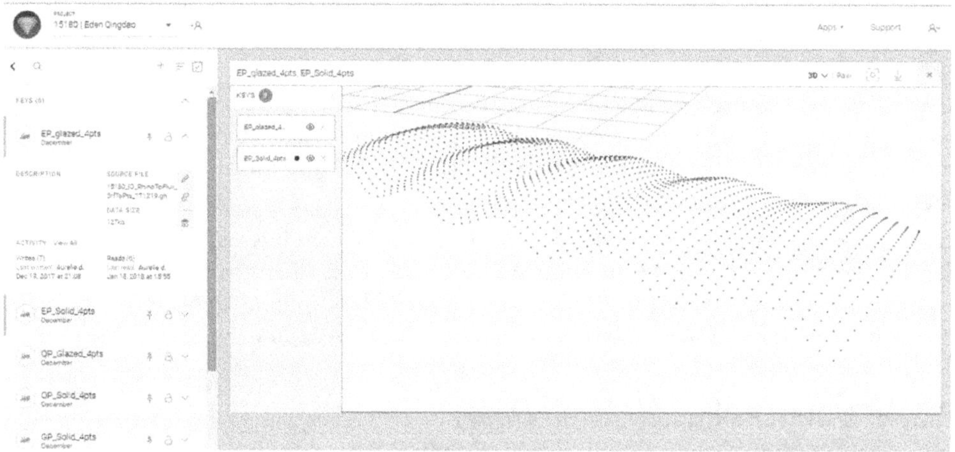

Figure 4. Exemple de l'interface de flux.io : à gauche, les datasets envoyées sur la plateforme ;
à droite, la visualisation d'un de ces datasets

---

1   https://flux.io

Cet outil est particulièrement adapté dans un contexte où les échanges entre applications doivent être assez rapides pour permettre de multiples itérations. Il permet d'établir des liens bidirectionnels natifs et ciblés.

La plateforme flux.io héberge les datasets envoyés par les différents plugins, mais permet aussi :

– de manipuler et transformer ces données en lignes via un outil appelé « Flow » ;

– de visualiser les données sous différentes formes (visualisation géométrique, quantitatifs, graphes, tableau de bord...).

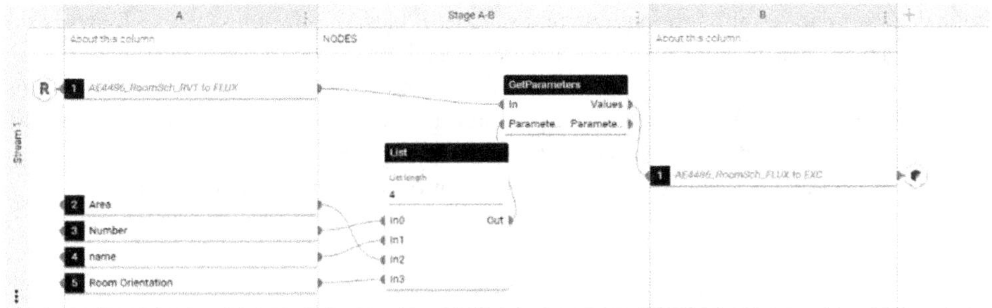

Figure 5. Exemple de l'interface du Flow de flux.io. Des données reçues (à gauche en « A ») sont transformées (« Stage A-B ») pour obtenir un nouveau dataset « B ».

3.2.   Interopérabilité dynamique et fédération des données

On observe donc, à travers les outils d'interopérabilité FME et flux.io présentés dans cet article, qu'une *interopérabilité dynamique* est possible. Ces solutions techniques sont flexibles et efficaces, extrêmement adaptées au rythme et aux exigences des échanges nécessaires pendant la conception. Ces outils d'intermédiation relèvent de la fédération de datasets natifs plutôt que de l'intégration de ces datasets dans un format tiers. Certains de ces datasets pourront constituer par ailleurs, en fin de phase, les livrables à publier. La programmation de ces flux présente des points communs avec les outils de programmation visuelle (comme Grasshopper ou Dynamo), puisqu'elle consiste à assembler et connecter des composants logiciels préexistants.

L'avantage principal de ces outils est l'automatisation des échanges, qui est l'un des enjeux de l'interopérabilité. Cela va dans le sens d'une multiplication de flux d'échange en réponse à des exigences bien établies (*exchange requirements*) et formalisées dans des fichiers au format MVDxml exploitables par des applications, notamment des applications de contrôle de conformité. C'est la solution actuellement implémentée dans la plate-forme collaborative développée par le CSTB pour le compte du Plan de Transition Numérique du Bâtiment.

Ces solutions présentent toutefois plusieurs inconvénients :

1. les extensions ont été développées pour un nombre limité d'applications ;

2. les traitements encapsulés dans des extensions ou des fonctions de transformation de données qui sont autant de boîtes noires ;

3. ils s'affranchissent de la référence que constituent aujourd'hui les IFC.

3.3.   Retours sur des pratiques d'agence : des Flux aux IFC

Dans des agences d'architecture comme Grimshaw, les pratiques conjuguent déjà la réactivité que permet l'automatisation de la fédération de flux d'informations et une interopérabilité basée sur les IFC. En particulier, une interopérabilité dynamique entre des outils de modélisation paramétrique et des outils de modélisation plus riches sémantiquement est particulièrement adaptée à un contexte d'échange de données *work in progress*. Ces bases de données fédérées natives peuvent à tout moment être intégrées dans un format IFC pour être partagées (voir figure ci-dessous).

Il ne s'agit pas d'un environnement BIM de niveau 3 au sens d'une base de données partagée (sauf pour un dataset qui contiendrait une maquette partagée par plusieurs utilisateurs du même logiciel), mais bien d'un ensemble de datasets dont la fédération peut être considérée comme le système d'information du projet. Ce système doit être cohérent. Des fonctions doivent être appliquées à certains datasets pour automatiser certaines transformations. On ne cherche pas à intégrer directement certaines informations produites par un logiciel dans un autre logiciel. Les données sources restent sous le contrôle de chaque logiciel auteur.

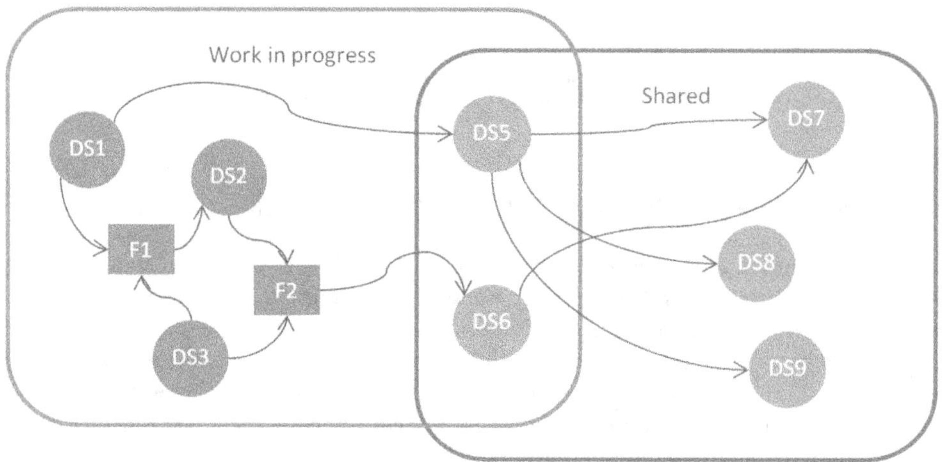

Figure 6. Datasets fédérés dans l'espace *Shared* ou *Work in progress*

4.   Pratiques d'agence : implémentation, expertise, formation

4.1.   Usages de l'interopérabilité dynamique chez Grimshaw

Chez Grimshaw, l'interopérabilité dynamique par échange de datasets est très utilisée, en particulier pour les projets qui demandent des itérations de conception très rapides tout en nécessitant la production de modèles de données riches. Par exemple, il est courant de devoir produire des IFC comme livrables pour un concours (une phase où le projet est peu détaillé et où les options de conception sont très nombreuses), tout comme de changer drastiquement des éléments de la conception dans un projet qui est déjà à un stade de définition avancée. Dans ces situations, l'interopérabilité entre des outils de modélisation très agiles (comme Rhinoceros et Grasshopper) et des outils permettant une modélisation plus détaillée (comme Dynamo et Revit) est cruciale pour la faisabilité des livrables, la qualité du projet et la réactivité des équipes.

Ces pratiques d'interopérabilité sont parfois mises en œuvre au moyen de solutions logicielles hétérogènes, comme avec des plugins qui se focalisent sur des liens uni- ou bidirectionnels entre certains logiciels ciblés, comme *mantishrimp*[1] pour Grasshopper et Dynamo, ou *Rhynamo*[2] pour Rhinoceros et Dynamo. Mais flux.io a permis de déployer cette pratique d'interopérabilité dynamique au sein de l'agence. En effet, cet outil est plus facile d'utilisation que les plugins utilisés précédemment, dans la mesure où il fonctionne de la même façon en import et en export pour toutes ses applications. De plus, il permet d'échanger n'importe quel type de données sous n'importe quelle structure, tout en conservant l'organisation des données. Cela est très intéressant, en particulier pour faire communiquer ensemble des outils de modélisation paramétrique comme Grasshopper et Dynamo.

4.2.   Expertises pour la mise en œuvre de ces processus

L'interopérabilité dynamique répond aujourd'hui à un vrai besoin. Elle permet aux équipes de répondre aux exigences de rapidité et de qualité des livrables qui leur sont demandés. Flux.io est l'un des outils qui permettent de mettre cette interopérabilité dynamique en œuvre, et il est beaucoup utilisé chez Grimshaw. Mais que l'on ne s'y trompe pas : la mise en œuvre de cet outil n'est pas sans enjeux. L'implémentation de ces interopérabilités dynamiques rencontre de nombreuses difficultés :

- les différentes applications que l'on fait communiquer entre elles n'ont pas toujours les mêmes tolérances (une courbe produite dans Rhinoceros pourra être reçue dans Revit, mais sans y être utilisable car hors de sa tolérance, par exemple à cause de l'organisation de ses points de contrôle) ;
- l'utilisation d'un nombre toujours plus important de logiciels et le développement de nouveaux processus augmentent le besoin en expertise ;
- ces nouveaux processus nécessitent d'être organisés et documentés.

Finalement, les étapes de préparation des données et de mise en lien des données reçues sont importantes. En parallèle aux étapes d'échange de données via un format IFC (tableau 1), nous proposons ci-après un exemple d'échange de données via flux.io (voir tableau ci-dessous) :

---

1   https://github.com/ksobon/MantisShrimp
2   https://provingground.io/tools/rhynamo/

Tableau 2. Étapes de l'échange entre une application A (émetteur) et une application B (receveur) via Flux.io

	Étapes	**Qui**	**Commentaires**
1	Modélisation paramétrique d'un espace de solution, puis instanciation d'options choisies	Utilisateur A	L'architecte est invité à un certain nombre de bonnes pratiques, à la fois dans la définition de son modèle paramétrique et dans son travail géométrique.
2	Préparation d'un dataset en fonction de l'interoperabilité voulue : – identification du dataset pertinent à envoyer et de sa structure de données (liste de points organisés par groupe de 3 ou 4, listes de paramètres pertinents, etc.) – contrôle des données à envoyer (valeurs non nulles, etc.) – création d'un dataset dans Flux avec un nommage conforme au standard du projet	Utilisateur A	Cette étape est clé. Elle sera raffinée en fonction des processus et des datasets voulus.
3	Contrôles de qualité et de conformité des données sur la plateforme Flux et/ou dans l'application destinataire	Utilisateur A ou B	Prévisualisation des données
4	Réception des données dans l'application tierce, mise en lien du dataset reçu avec les données existantes (par exemple, une liste de points avec une famille de panneau de façade)	Utilisateur A ou B	
5	Contrôle des données obtenues. En cas de non-cohérence des données, retour à l'étape 2.	Utilisateur A ou B	

4.3.   Développement des savoir-faire et savoir-être nécessaires

Pour implémenter ces processus, il s'agit non seulement de former les équipes aux logiciels, mais aussi de les accompagner pour déployer un mode de pensée par système d'informations dynamique. Globalement, trois approches parallèles sont utilisées chez Grishaw :

– la formation interne sur les logiciels : il s'agit de formations reprenant des exemples d'usages des logiciels sur des projets et des tâches spécifiques ;

– l'accompagnement pendant les projets, chaque projet impliquant des processus BIM est accompagné par un BIM manager ; les projets mettant en œuvre un ou plusieurs processus d'interopérabilité dynamique font l'objet d'un accompagnement particulier par un BIM manager ayant aussi un statut d'expert en « computational design » ;

– le développement d'une culture d'agence par la valorisation et la communication en interne des projets et processus réalisés.

Finalement, l'implémentation de ces pratiques d'interopérabilité sollicite à la fois :

– des savoirs propres au domaine du BIM, comme en particulier des savoir-être collaboratifs et organisationnels ;

– des savoirs propres à la pensée computationnelle, comme la logique algorithmique et des savoirs géométriques.

Conclusion

L'interopérabilité que nous avons qualifiée de dynamique s'intègre aux pratiques des agences, car elle répond à un réel besoin de réactivité des échanges de données dans le contexte des travaux en cours. Elle ne s'oppose pas à un mode d'échange de données par format ouvert plus classique, mais au contraire, vient le compléter, voire le facilite dans la phase de préparation des livrables. Le retour d'expérience de Grimshaw révèle que les savoirs et savoir-faire nécessaires à la mise en œuvre d'une interopérabilité dynamique relèvent autant du domaine du BIM que de celui de la pensée computationnelle.

Les solutions que nous avons analysées ou que nous pratiquons assurent la transformation et le transfert de datasets variés. On peut leur reprocher un certain manque de transparence, en particulier dans la structuration des données. Pour certains types de datasets, elle pourrait être définie par référence au modèle IFC, ce qui serait un moyen de conjuguer l'interopérabilité classique avec une interopérabilité dynamique basée sur des outils de modélisation de flux.

Références bibliographiques

BS 1192-4:2014, *Collaborative production of information. Fulfilling employer's information exchange requirements using COBie. Code of practice*

PAS 1192-2:2013. *Specification for information management for the capital/delivery phase of construction projects using building information modelling.* http://bim-level2.org/en/standards/

[BUILD] https://www.buildingsmart.org/standards/rooms-and-groups/linked-data-working-group/consulté le 13/01/2018

[FLUX.IO] https://flux.io/howitworks/

[ifcOWL, 2017] https://github.com/BuildingSMART/ifcOWL consulté le 13/01/2018

Mendes, T., Roxin, A., Durif, T., Orpelière, F., Nicolle, C., Enrichissement sémantique d'un fichier IFC pour une extraction partielle dynamique, *Actes du 6ème Séminaire de Conception Architecturale Numérique*, 2014.

[Metadonnées, 2014] *Information géographique - Métadonnées - Partie 1: Principes de base (* ISO 19115-1:2014)

[Mediaconstruct, 2017] *Fiches d'échanges - Méthodes d'échanges point à point entre logiciels BIM.* http://bimstandards.fr/echanger-en-bim/fiches-echanges/

Pauwels, P., Roxin, A., SimpleBIM: From full ifcOWL graphs to simplified building graphs, *eWork and eBusiness in Architecture, Engineering and Construction: ECPPM 2016*, CRC Press, 2016, pp. 11-18.

[PTNB, 2017] *FEUILLE DE ROUTE NORMALISATION. Stratégie française pour les actions de pré-normalisation et normalisation BIM appliquées au bâtiment.* Linked data, décembre 2017, pp. 13-14.

http://www.batiment-numerique.fr/uploads/DOC/PTNB%20-%20FdR%20 Normalisation%20V2%20-%2012.2017%20web.pdf

Modélisation paramétrique 3D et multi-échelle du développement résidentiel : exemple du modèle SLEUTH^{3D}

Guillaume DA SILVA[1], Omar DOUKARI[2], Rahim AGUEJDAD[3], Mojtaba ESLAHI[4]

[1, 4] ESTP Paris

[2] EI.CESI Nanterre

[3] CNRS UMR TETIS

e-mails : {gdasilva ; meslahi}@estp-paris.eu / odoukari@cesi.fr / rahim.aguejdad@cnrs.fr

Abstract

This paper provides specific description and statements of a 3D urban growth model-SLEUTH^{3D}. The SLEUTH^{3D} city model, which inherits from the SLEUTH cellular automata-based model, is designed to simulate future residential development scenarios based on a 3D parametric and multiscale modeling framework. It also incorporates features from the Building Information Modeling (BIM) approach, a data-building modeling and management process. SLEUTH^{3D} enables generating different urban fabric types or construction sets based on an automated partitioning of the simulated urban area into streets and lots. In addition to that, the transportation map is automatically updated to connect the simulated urban patches to the existing roads network. The expected results will help to improve the spatial translation of urban growth scenarios at different scales. SLEUTH^{3D} will be useful to supply urban climate, energy consumption, and environmental assessment applications.

Keywords

Urban growth, 3D parametric modelling, SLEUTH, BIM, partitioning, cellular automata

Résumé

Cet article présente une description détaillée du fonctionnement d'un modèle de simulation 3D du développement urbain, SLEUTH[3D]. Le modèle SLEUTH[3D] est destiné à la spatialisation de scénarios futurs de développement résidentiel grâce à une approche de modélisation paramétrique 3D et multi-échelle. Il intègre également des fonctionnalités propres à l'approche de Building Information Modeling (BIM), une modélisation et gestion des données du bâtiment. SLEUTH[3D] permet de générer différents types de tissu urbain, ou d'ensemble de constructions, à travers un partitionnement automatique des zones urbaines simulées en rues et lotissements. De plus, la carte des transports est automatiquement mise à jour afin de rattacher les taches urbaines au réseau routier existant. Les résultats attendus contribueront à affiner la représentation spatiale des divers scénarios d'expansion urbaine à différentes échelles. SLEUTH3D serait aussi utile dans les applications relevant du climat urbain, de la consommation d'énergie et de l'évaluation environnementale.

Mots-clés

Expansion urbaine, modélisation paramétrique 3D, SLEUTH, BIM, partitionnement, automate cellulaire

Introduction

Le suivi de l'artificialisation des territoires à l'interface ville-campagne représente un enjeu important pour les collectivités territoriales, tant sur le plan environnemental, qu'économique et social (Aguejdad *et al.*, 2016 ; Aguejdad et Hubert-Moy, 2016). La modélisation, associée à l'urbanisation, des changements d'occupation et d'usage des sols permet de mieux comprendre comment ces modifications de l'espace interagissent avec les processus écologiques et sociaux (Jenerette et Poterie, 2010 ; Houet *et al.*, 2010). La littérature est riche de précieux exemples qui mettent en évidence les interactions entre les questions environnementales et les changements d'occupation et d'usage des sols (Aguejdad *et al.*, 2012 ; Masson *et al.*, 2014). Ces études impliquent l'élaboration de procédures de modélisation et d'outils de simulation qui gagnent rapidement en popularité auprès de la communauté scientifique, des gestionnaires et des décideurs en matière de planification urbaine.

De nombreuses approches de modélisation et outils de simulation ont été développés afin de mieux comprendre les logiques spatiales à l'œuvre et projeter l'expansion urbaine future, à tel point que le choix du modèle le plus approprié parmi tant d'autres devient une tâche difficile (Agarwal *et al.*, 2000 ; Haase et Schwarz, 2009 ; Santé *et al.*, 2010 ; Mas *et al.*, 2014). Les modèles basés sur des automates cellulaires sont probablement les plus répandus en vue de leurs nombreuses applications urbaines (Dietzel et Clarke, 2007 ; Clarke, 2008 ; Santé *et al.*,

2010). Cette popularité peut s'expliquer par le caractère spatialement explicite et dynamique de l'approche des automates cellulaires et l'intégration aisée des données issues de la classification des images de télédétection.

Le modèle d'expansion urbaine SLEUTH, basé sur des automates cellulaires, est capable de simuler quatre formes d'expansion urbaine (Candau, 2002 ; Clarke *et al.*, 2007 ; Clarke, 2008 ; Aguejdad *et al.*, 2016). Cependant, il est basé sur une modélisation 2D et une simple distribution binaire de l'espace en deux catégories d'occupation du sol : les zones urbanisées et les zones non urbanisées. De plus, le réseau routier utilisé en entrée du programme reste statique pendant la simulation, ce qui restreint la performance du modèle en termes d'allocation spatiale de l'urbanisation, notamment à proximité des routes. Par ailleurs, la visualisation de l'environnement urbain constitue actuellement la principale forme d'utilisation des modèles de villes en 3D (Biljecki *et al.*, 2015). Par conséquent, le développement de modèles 3D destinés à la simulation de l'expansion urbaine permettra de contribuer à l'amélioration de la spatialisation de scénarios de développement urbain à différentes échelles spatiales allant de l'échelle macro de la ville au bâtiment individuel. Diverses applications de ce type de modèle en matière de planification urbaine et d'évaluation environnementale pourront ainsi être envisagées.

L'objectif de ce travail est donc de transformer SLEUTH en un modèle 3D par l'intégration de la hauteur des bâtiments, et une mise à jour automatique du réseau routier. Nous avons utilisé un ensemble de données de l'échantillon fourni par le site web du projet Gigalopolis, « demo_city », qui nous a permis d'exécuter des modélisations test. Le but est d'illustrer les besoins et les fonctions de SLEUTH[3D] plutôt que de représenter l'évolution d'une ville ou d'une région spécifique.

Cet article est organisé en trois sections. La première met en évidence l'utilisation de SLEUTH. La deuxième section expose la méthode de partitionnement automatique des zones urbaines et le développement dynamique de nouvelles routes reliant les fragments urbains simulés au réseau routier existant. La troisième explique les modalités et implémentations qui permettent la création d'un modèle 3D.

1. Le modèle SLEUTH

SLEUTH est un modèle développé pour simuler l'expansion spatiale des espaces urbanisés. Disponible sur le site web du projet Gigalopolis, SLEUTH est un programme en libre accès. Il est codé en C et tourne sous UNIX. L'acronyme SLEUTH est dérivé de ses données requises en entrée (figure 1) : *Slope* (niveaux des pentes), *Land use* (utilisation des terres), *Exclusion* (zones exclues de toute urbanisation), *Urban* (zones urbanisées), *Transportation* (réseau de transport) et *Hillshade* (reliefs du sol). SLEUTH appartient à la famille des modèles basés sur une approche empirique et spatialement explicite. Par conséquent, sa calibration nécessite un jeu de données historiques afin de reproduire les tendances passées du développement urbain (Clarke *et al.*, 1997 ; Candau, 2002 ; Jantz et Goetz, 2005).

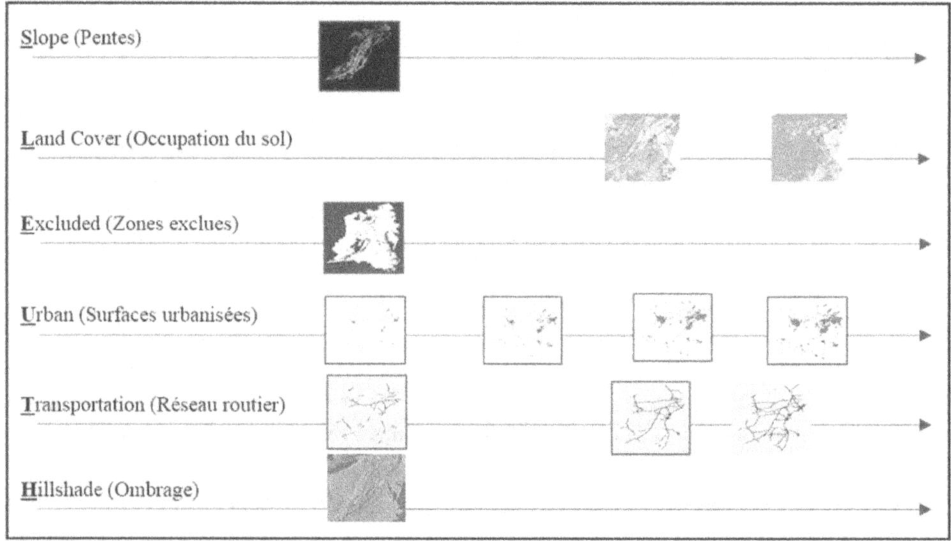

Figure 1. Données d'entrée de SLEUTH (Clarke, 2008)

SLEUTH est un automate cellulaire dont le fonctionnement est basé sur un processus probabiliste et auto-adaptatif (Clarke *et al.*, 1997). Il repose sur une logique booléenne puisque à chaque cellule de l'image correspondent seulement deux états possibles : urbain ou non urbain (Candau, 2002). L'état de ces cellules est déterminé et mis à jour selon quatre règles spatiales d'expansion urbaine exécutées de façon séquentielle (figure 2) : par expansion spontanée, par création de nouveaux centres, en continuité de l'urbain existant et le long des routes (Candau, 2002).

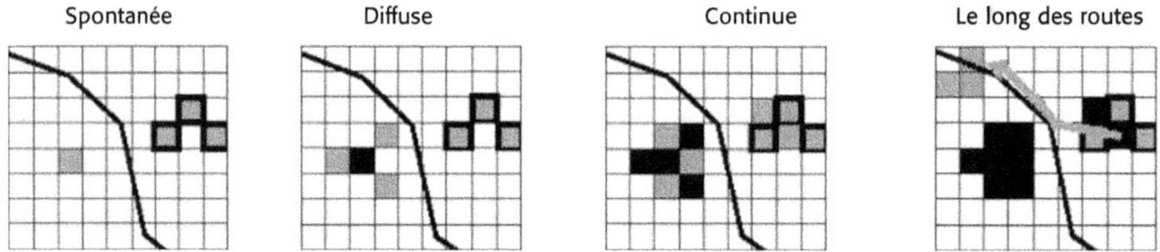

Figure 2. Formes d'expansion urbaine dans SLEUTH (Candau *et al.*, 2000)

Cinq coefficients, aussi appelés paramètres, sont utilisés afin de contrôler la façon dont les règles de simulation sont appliquées : le facteur de dispersion détermine le nombre de cellules créées par expansion spontanée ; celui de multiplication correspond à la probabilité qu'une cellule spontanée devienne un nouveau centre ; le facteur de propagation est la probabilité de la croissance continue ; celui de la gravité de la route détermine la distance maximale à la route où l'urbanisation peut avoir lieu ; et celui de la résistance des pentes permet de prendre en compte l'influence des pentes sur l'urbanisation. Chacun de ces paramètres est un entier compris entre 0 et 100. Les valeurs de ces paramètres sont déterminées par calibration du modèle à l'aide de données historiques. D'après Jantz et Goetz (2005), la fonction d'auto-modification de SLEUTH lui permet d'ajuster les valeurs de ses coefficients à chaque cycle de la simulation, généralement de l'ordre d'un an. Autrement, SLEUTH reproduirait le même nombre de cellules urbanisées suivant un taux de croissance linéaire. En fonction du taux de changement qui peut dépasser ou tomber sous un seuil critique spécifique, la valeur de ces coefficients de prédiction peut croître ou décroître afin de simuler une expansion accélérée ou décélérée.

Comme la majorité des modèles d'occupation et d'usage des sols (CLUE-S, DYNAMICA, LCM, CA-MARKOV, MOLAND, etc.), le modèle SLEUTH se limite en 3D à la seule variable « Pentes » et ne permet pas une prise en compte de la hauteur des bâtiments dans le processus de simulation. De plus, le réseau routier en entrée du programme reste statique durant toute la simulation, ce qui restreint la performance du modèle en termes d'allocation spatiale de l'urbanisation à proximité du réseau routier. Par conséquent, l'adaptation du modèle SLEUTH par intégration explicite de la 3D dans le processus d'allocation du changement permettra d'améliorer le rendu final du modèle et de faciliter son couplage avec d'autres outils de modélisation physique. Ainsi, ces améliorations permettront d'évaluer plus précisément les questions environnementales à partir d'applications qui prendront en compte l'îlot de chaleur urbain, le trafic, la pollution et les besoins énergétiques des bâtiments.

2. SLEUTH[3D]

Le nouveau modèle SLEUTH[3D] est conçu en trois étapes successives (figure 3). La première étape implique la récupération des sorties et certaines variables d'entrée du modèle SLEUTH (figure 1). L'une de ces sorties correspond à la carte 2D représentant l'état des surfaces urbanisées à la date de simulation choisie par l'utilisateur. Afin de rendre autonome l'exécution de SLEUTH[3D], l'intégration directe de SLEUTH dans ce dernier a été choisie (figure 3). La deuxième étape a pour but, d'une part, de mettre à jour la carte du réseau routier en créant de nouvelles routes, et d'autre part, de partitionner la tache urbaine 2D simulée par SLEUTH en parcelles. La dernière étape est la modélisation 3D réalisée à l'aide du moteur 3D JMonkeyEngine.

2.1. Utilisation des cartes de sortie de SLEUTH

Comme signalé précédemment, l'intégration de SLEUTH dans le nouveau modèle 3D permet de rendre l'exécution de ce dernier complètement autonome. Ainsi, les cartes des zones exclues, du réseau de transport et des pentes sont directement et simplement lues et leurs valeurs stockées, tandis que la carte des zones urbanisées requiert plus d'opérations de prétraitement. En effet, les coordonnées des cellules urbanisées sont d'abord sauvegardées. Ensuite, un processus de recherche est lancé afin d'identifier les fragments urbains auxquels appartient chaque cellule urbanisée. Ce processus doit vérifier la présence ou non de routes ou de zones exclues de l'urbanisation.

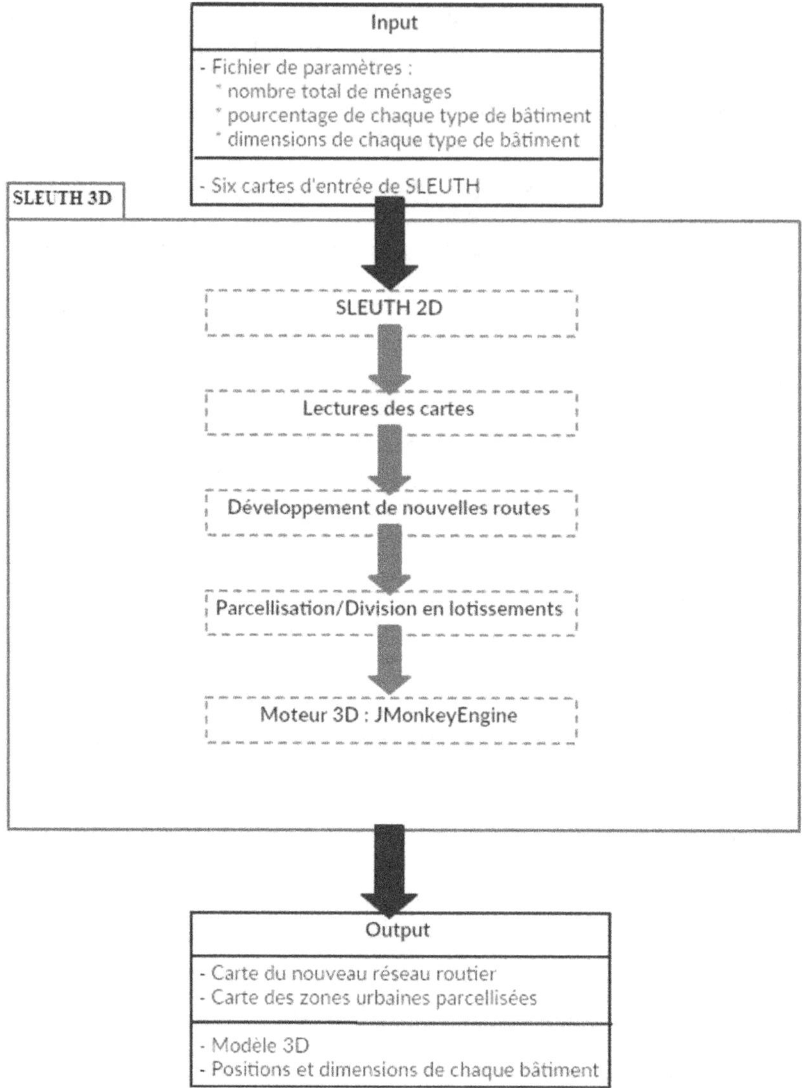

Figure 3. Structure de SLEUTH³ᴰ

La méthode choisie consiste à identifier toutes les taches urbaines présentes dans l'image. Ces dernières sont composées de cellules urbanisées connexes. Tout d'abord, l'algorithme commence par choisir une cellule urbanisée n'appartenant pas à une tache urbaine déjà définie. Ensuite, une recherche est lancée dans son voisinage en considérant ses huit pixels voisins directs. Si au moins une des cellules voisines est urbanisée et n'appartient ni à une route ni à une zone exclue, alors elle est attribuée à la même tache urbaine que la cellule de départ et ses propres voisins sont désormais considérés. La même démarche, appliquée aux autres pixels voisins, permet d'obtenir toutes les cellules urbanisées connexes jusqu'à ce que plus aucune cellule ne puisse être ajoutée. Cette méthode itérative est répétée jusqu'à ce que toutes les cellules urbanisées composant les fragments urbains de l'image soient identifiées.

2.2. Parcellisation et développement de nouvelles routes

2.2.1. Subdivision de la tache urbaine en parcelles

Le développement de SLEUTH³ᴰ implique en premier lieu l'implémentation d'un module de subdivision. Ce dernier permet d'automatiser le partitionnement des taches urbaines simulées. Comme l'illustre la figure 4, ce processus de scission des taches urbaines en rues et pâtés de maisons, appelés parcelles et lotissements, est exécuté à travers une version remaniée de l'algorithme de « Parcel Divider » (Dahal et Chow, 2014). Cet outil de partitionnement, implémenté dans l'environnement ArcGIS, nécessite d'être adapté à SLEUTH, mais surtout au langage Java, qui ne fournit que peu de méthodes géométriques.

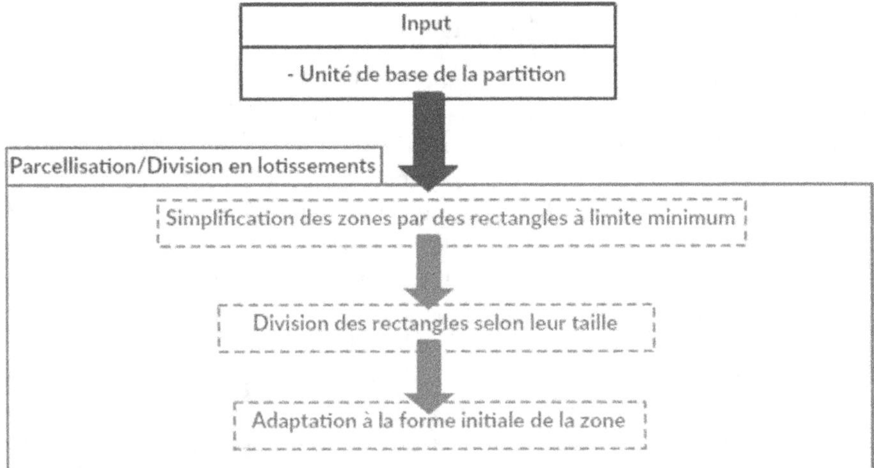

Figure 4. Parcellisation des zones urbaines en lotissements

Ce dispositif de division repose sur la simplification préalable des zones urbaines par des rectangles (figure 5) à limite minimum (Minimum Bounding Rectangle, MBR). Ces rectangles sont ensuite divisés selon leur étendue et la taille de l'unité de base choisie. Ainsi, s'ils sont trop grands, ils sont simplement coupés en deux en attente d'un futur traitement ; sinon, ils sont directement parcellisés. Ce processus est répété pour chaque rectangle divisé jusqu'à ce que ces derniers aient tous été parcellisés. Une fois partitionnés, les rectangles obtenus sont troncaturés pour rendre aux zones leur forme de départ. Une amélioration de cet algorithme consiste à prendre en compte les routes lors de la division, car elles créent déjà naturellement des frontières.

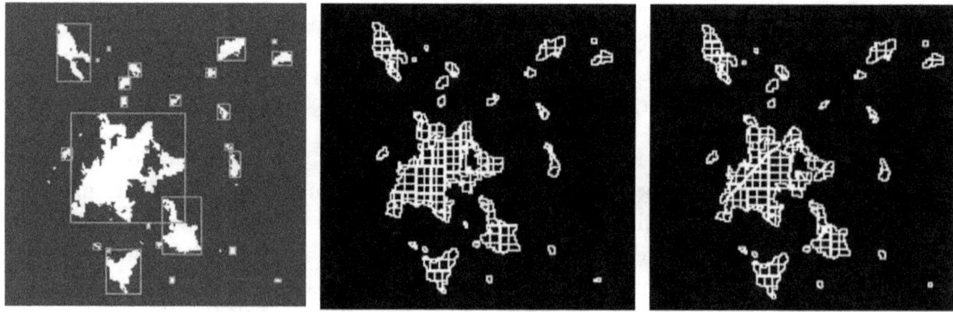

Figure 5. Détection et partitionnement des fragments urbains simulés

2.2.2. Développement de nouvelles routes

L'absence de mise en relation entre l'évolution de l'étalement urbain de la ville et son réseau routier demeure un inconvénient majeur de la version actuelle de SLEUTH. Cependant, une fonctionnalité inspirée de l'algorithme « Parcel Divider » s'est révélée efficace pour pallier cette limite. Elle permettra de rendre le réseau routier dynamique à travers sa mise à jour automatique durant la simulation. De plus, comme l'expansion urbaine simulée par SLEUTH est influencée par le réseau routier, le développement de nouvelles routes n'est donc plus seulement nécessaire à la modélisation 3D, mais aussi à l'amélioration de la performance prédictive du modèle SLEUTH.

Cet algorithme débute en vérifiant si chaque tache urbaine est desservie par au moins une route. Si ce n'est pas le cas, il devient nécessaire d'en créer une à cet effet. Ce nouveau tronçon correspond au plus court chemin et permet de connecter chaque tache individuelle nouvellement créée au réseau routier existant (figures 6 et 7). Cependant, ce tracé se doit d'être valide pour être conservé. Il est donc nécessaire de vérifier s'il ne traverse pas de zone exclue. Si c'est le cas, le tracé est découpé selon un ratio prédéfini et légèrement dévié avec un faible angle vers la gauche et la droite jusqu'à obtention d'un tracé valable.

Une fois ce détour validé, l'algorithme se relance au point d'arrivée du détour pour terminer le tracé désiré. Après création d'une déviation, l'algorithme peut être contraint, si l'utilisateur le souhaite, de tourner toujours dans le même sens pour prévenir d'éventuelles boucles si la zone est contournable des deux côtés. Néanmoins, le choix de cette méthode, ayant pour risque de rallonger la route créée, reste optionnel.

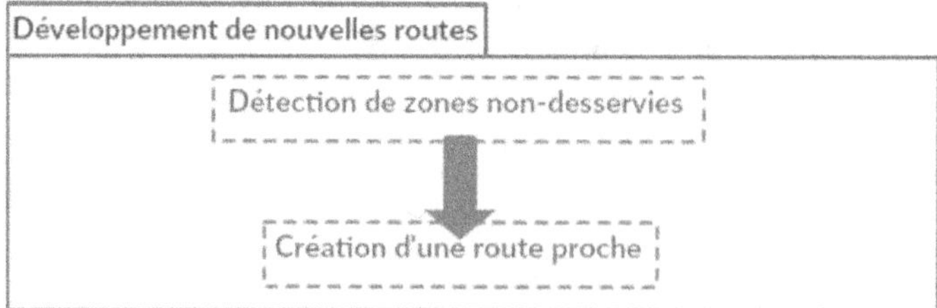

Figure 6. Étapes de développement de nouvelles routes

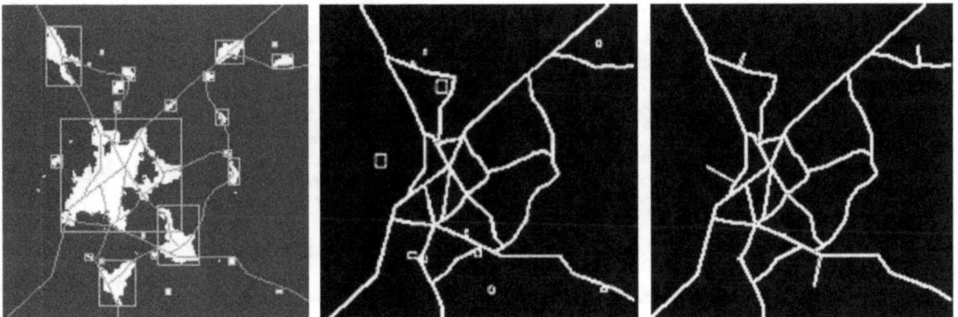

Figure 7. Connexion des taches urbaines simulées au réseau routier existant

2.3.   Modélisation 3D

2.3.1.   Choix des outils

Avant d'aborder les différentes implémentations du modèle 3D, il semble d'abord indispensable de présenter les divers outils choisis. L'un des points cruciaux était de trouver un système capable de supporter la 3D, mais aussi d'offrir un panel d'outils suffisamment large pour réaliser un modèle cohérent, précis et esthétique. Les outils Java et l'interface de Java 3D, choix initiaux pour ce projet, ont rapidement montré leurs limites. Il a donc été préférable d'opter pour un moteur de jeu qui inclut des fonctionnalités géométriques et physiques permettant un rendu 3D efficace. Ces performances sont essentielles pour la réalisation de ce projet. Elles offrent un éventail d'outils permettant la création d'un modèle consistant, rigoureux et esthétique (figure 8). Ainsi, JMonkeyEngine, un moteur de jeu Open Source en Java créé pour le développement 3D et utilisé par plusieurs studios de jeux vidéo, s'est révélé tout particulièrement adapté à ce projet.

Bien qu'un moteur 3D soit très efficace pour simuler et organiser un environnement, il nécessite d'intégrer de nouveaux éléments tels que les bâtiments. La première alternative consiste à télécharger des modèles provenant d'autres utilisateurs. Ces modèles, qui ne seront pas forcément adaptés à nos objectifs, risquent d'être difficilement modifiables. La seconde solution, consistant à développer des modèles propres au projet, a été retenue. Blender, un outil de modélisation Open Source utilisé pour les animations et rendus 3D, a été choisi afin de simuler les modèles des différents bâtiments.

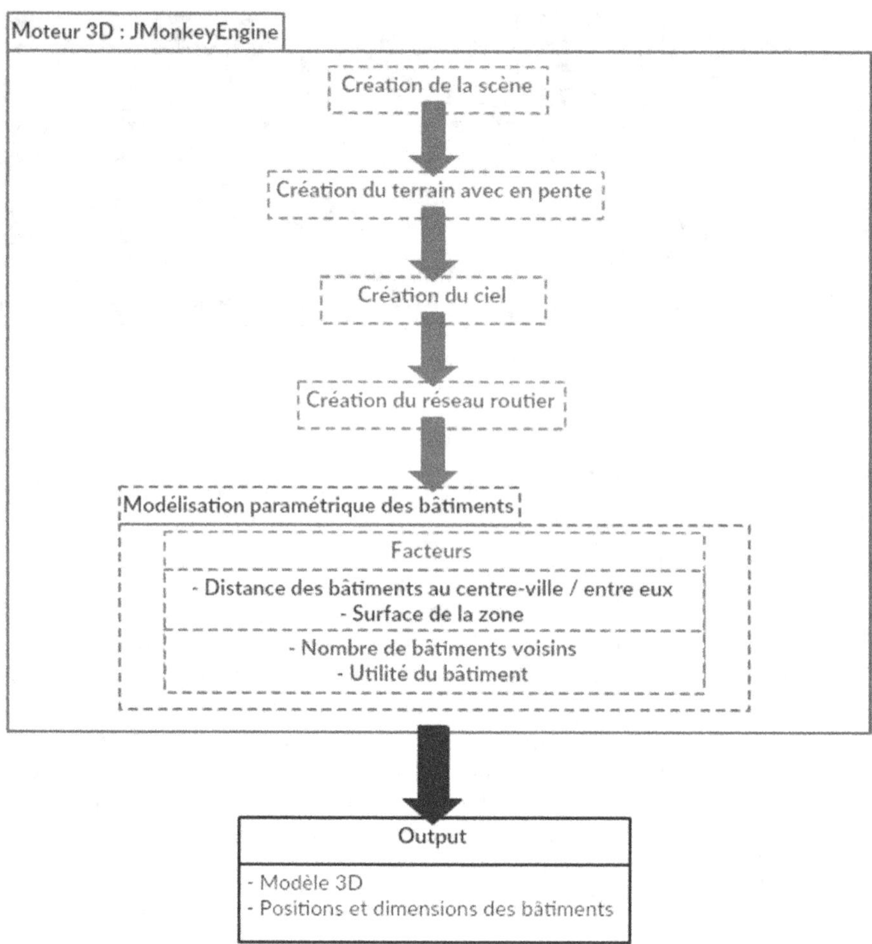

Figure 8. Modélisation 3D à l'aide du moteur de jeu JMonkeyEngine

2.3.2. Création de l'environnement

En premier lieu, il est nécessaire de créer une base pour l'environnement, appelée une scène. Cette dernière inclut tous les éléments du modèle, en l'occurrence le terrain, les bâtiments et les routes.

Le premier élément, qui sera le fondement de la scène, est appelé le terrain. Il est réalisé à partir de la carte des pentes en utilisant des outils du moteur 3D. Ce terrain est par la suite enrichi en lui assignant différentes textures selon la hauteur des zones. Ainsi, les zones basses sont visuellement ensablées puis revêtues d'herbe, alors que les zones plus élevées sont recouvertes de terre. Cette fonctionnalité n'appartient pas spécifiquement au moteur 3D de base, mais a été plutôt adaptée par sa communauté. Elle consiste à créer une carte avec les trois couleurs de base, rouge, bleu et vert, qui correspondront chacune à une hauteur différente, et donc à une texture différente. Pour apporter encore plus de réalisme à l'environnement, une étendue d'eau qui remplit les zones très basses a été ajoutée, tandis qu'un ciel sous forme de cube englobe la scène. Les textures intérieures de ce cube se rejoignent parfaitement afin de donner l'illusion d'un ciel infini.

Une fois cette étape effectuée, une base environnementale est obtenue, sur laquelle il devient possible de construire des bâtiments et des routes. Ce support reste perfectible au cours du développement. Contrairement aux bâtiments, les routes reposent sur peu de facteurs et nécessitent moins d'adaptation. Toutefois, il est difficile de modéliser le réseau routier à partir de Blender en raison de la complexité de ses formes et de ses orientations. En effet, il faudrait un grand nombre de courbes et de routes droites différentes, ce qui entraînerait malgré tout une perte de précision des trajectoires. La solution adoptée a donc consisté à considérer ces routes comme une texture et non plus réellement comme un objet.

2.3.3. Vers une modélisation paramétrique des bâtiments

Il ne reste donc plus qu'à créer et insérer les bâtiments dans la scène. Les bâtiments présentés (figure 9) sont intégrés à la scène à l'aide de leurs coordonnées 2D. Cependant, les informations concernant le nombre de bâtiments, leur hauteur ou bien leur type sont à déterminer au préalable.

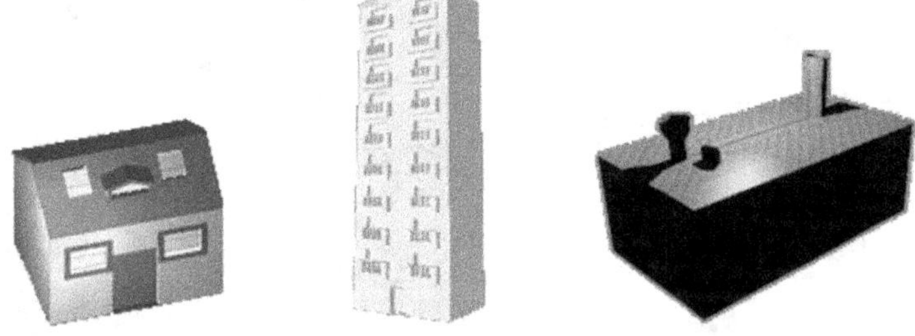

Figure 9. Trois modèles de bâtiments : maison, immeuble et usine

Le nombre de bâtiments dépend du nombre de ménages, issu des tendances démographiques et économiques passées ou prédéfini dans des scénarios élaborés suivant une approche normative (Houet *et al.*, 2016). Cependant, l'algorithme d'allocation spatiale devrait être appliqué pour chaque municipalité, plutôt que d'appliquer une règle de simulation globale sur l'ensemble de la zone d'étude (Aguejdad *et al.*, 2016). En effet, la demande en matière de développement résidentiel devrait être estimée en fonction des contraintes spécifiques et du potentiel de développement de chaque commune.

La hauteur des immeubles et des maisons est déduite du nombre d'étages. Elle peut aller jusqu'à deux étages pour les maisons et sept étages pour les immeubles. Pour le moment, ce paramètre dépend de la distance au centre-ville. Par exemple, au centre-ville correspondront des bâtiments plus élevés qu'en milieu rural. Par ailleurs, d'éventuelles modifications peuvent être envisagées par la suite afin d'intégrer différents facteurs qui semblent influencer sa valeur.

L'algorithme de modélisation des bâtiments implique trois composantes élémentaires : sommet, rez-de-chaussée et étage (figure 10). Ces trois composantes sont ensuite imbriquées afin de créer le modèle. Le sommet et le rez-de-chaussée du bâtiment restent uniques, tandis que l'étage est imbriqué *n* fois, *n* étant le nombre d'étages du bâtiment. Cette méthode se rapproche donc sensiblement d'une modélisation paramétrique, puisqu'elle implique la modélisation de différents types de bâtiments (figures 11, 12 et 13). Elle semble d'autant plus intéressante que les facteurs influençant les caractéristiques des bâtiments sont plus nombreux.

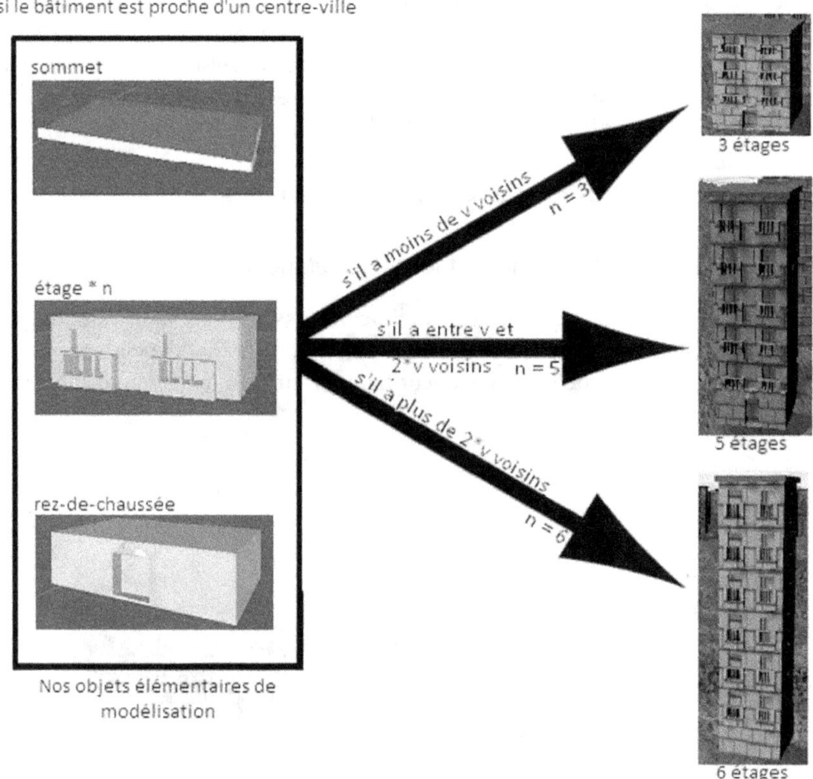

Figure 10. Trois composantes élémentaires d'un modèle de bâtiment

La couleur des immeubles est assignée de manière aléatoire afin d'apporter plus de réalisme à l'environnement. Il est également supposé que chaque bâtiment est orienté vers la route la plus proche.

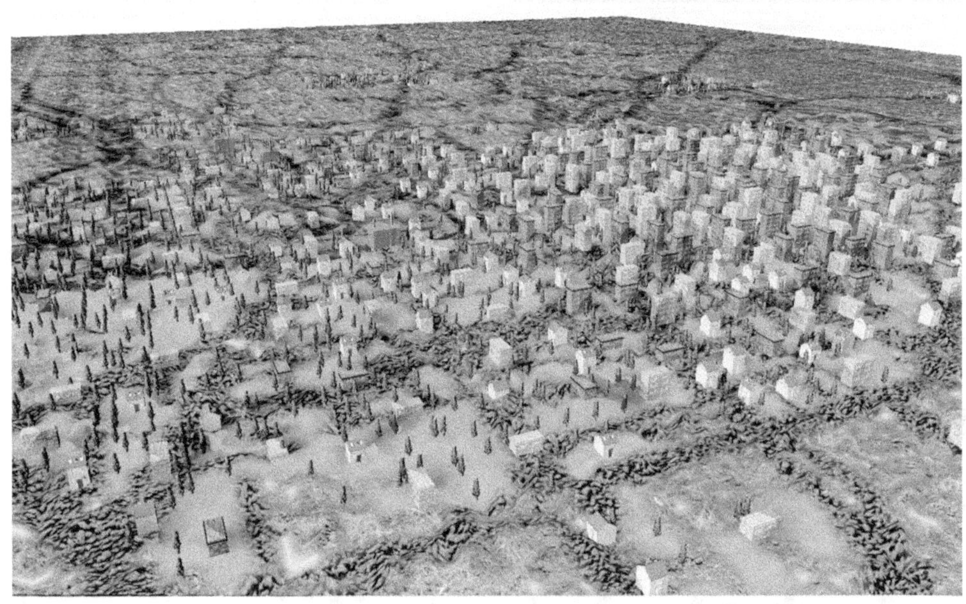

Figure 11. Tissu résidentiel mixte

Figure 12. Tissu résidentiel de type pavillonnaire

Figure 13. Immeubles avec un nombre d'étages variable

2.3.4. Positionnement des bâtiments

Une fois modélisés, les bâtiments sont ensuite intégrés dans la scène, sur le grillage de subdivisions des zones urbanisées qui a été créé précédemment. Tout d'abord, l'utilisateur a accès au préalable à un fichier grâce auquel il peut modifier les différents paramètres de la simulation. Ainsi, il peut décider du nombre total de ménages, du pourcentage de chaque type de bâtiment et de ses dimensions (longueur, largeur et hauteur) en unité de division, ainsi que le choix de certaines options. Cependant, il faut savoir que certaines valeurs bloqueront le programme, notamment si le nombre de ménages demandé dépasse l'aire urbanisée disponible à cet effet.

Tout d'abord, à l'aide des paramètres renseignés dans ce fichier, la résolution de l'équation (1) permet d'obtenir le nombre supposé de chaque type de bâtiment en fonction du nombre total de bâtiments, de la taille de la zone urbanisée et des pourcentages souhaités pour chaque type de bâtiment.

Avec x = nombre d'immeubles ; y = nombre de maisons ; z = nombre d'usines

On a supposé ici qu'un immeuble peut accueillir 4 ménages et une usine 2 :

$$\begin{cases} 4x + y + 2z = \text{nbMenages} \\[2ex] \dfrac{x}{\%_{\text{immeuble}}} - \dfrac{y}{\%_{\text{maison}}} = 0 \\[2ex] \dfrac{y}{\%_{\text{maison}}} - \dfrac{z}{\%_{\text{usine}}} = 0 \end{cases}$$

Ensuite, chaque bâtiment est positionné selon un facteur chance, en débutant par les plus grands, qui sont plus difficiles à placer. Ce facteur permet aux immeubles d'être plus concentrés dans le centre-ville et aux maisons d'être plus présentes en milieu rural, mais il n'exclut pas complètement leur création hors de ces zones. Un bâtiment de dimensions n*m peut uniquement être placé si un emplacement vide comportant n*m unités de division est disponible, peu importe son orientation (figure 14).

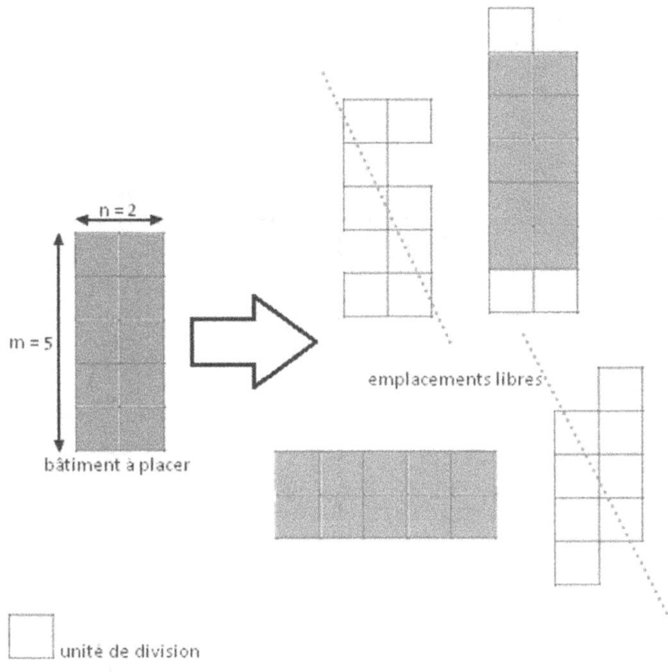

Figure 14. Sélection d'un emplacement disponible

Pour enrichir davantage le modèle, un facteur de dispersion peut ou non être défini. Il correspond simplement à une distance minimale entre bâtiments. Il sert à introduire une meilleure dispersion et à éviter les zones vides. S'il est renseigné, il sera vérifié tout le long du programme. S'il ne l'est pas, il sera calculé afin de remplir au mieux les zones urbanisées. S'il ne convient finalement pas car il prive trop de possibilités et le résultat n'atteint pas le nombre de bâtiments espéré, alors il sera diminué jusqu'à atteindre un résultat valide ou bien une valeur de 1, qui est le minimum possible.

La figure 15 illustre l'algorithme qui a été développé afin de prendre en compte le facteur de dispersion. À chaque nouveau bâtiment créé, ses coordonnées sont supprimées de la liste des cellules urbanisables, mais aussi toutes celles se trouvant à l'intérieur d'un halo qui a pour centre les coordonnées du bâtiment, et pour rayon la valeur du facteur de dispersion. Ainsi, il n'existe plus, dans la liste, de coordonnée qui ne respecte pas le facteur de dispersion. S'il manque encore des bâtiments à la fin de cet algorithme, le facteur de dispersion est diminué tout comme les halos. De nouvelles cellules jusqu'alors éliminées sont alors de nouveau disponibles et permettront ou non d'augmenter le nombre de bâtiments. Cette méthode permet ainsi d'éviter de tester, à chaque ajout d'un bâtiment, sa distance avec tous les autres bâtiments déjà créés.

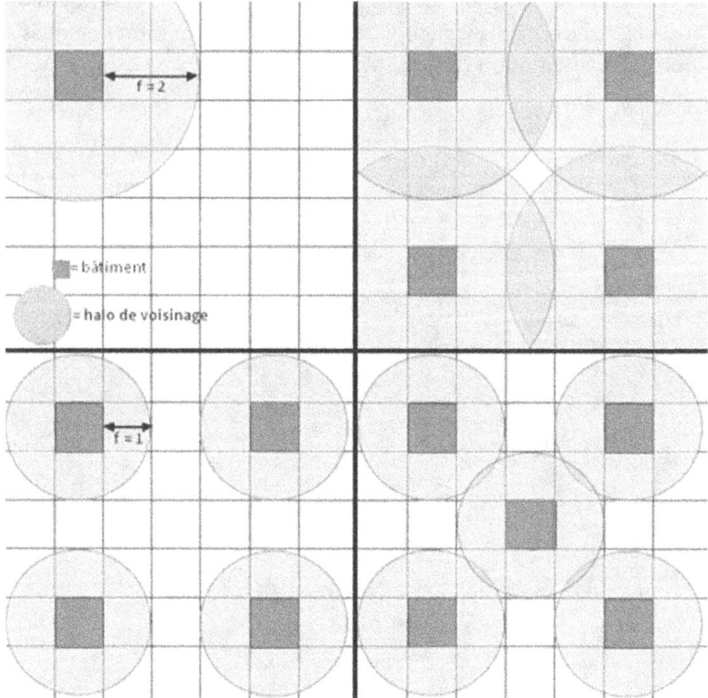

Figure 15. Algorithme de dispersion

Pour améliorer encore plus cet algorithme, le facteur de dispersion est multiplié par une variable qui permet de croître sa valeur au fur et à mesure qu'on s'éloigne du centre-ville. Ainsi, les maisons ou les immeubles situés en zones périurbaines ou rurales seront plus espacés que ceux localisés en ville.

Enfin, une fois les bâtiments placés, il est encore possible que le nombre de bâtiments exigé ne soit pas atteint. Si tel est le cas, un flag dans le fichier des paramètres permet à l'utilisateur de spécifier s'il préfère respecter en priorité le pourcentage des types de bâtiments au détriment du nombre de ménages, ou bien s'il opte pour garder le nombre de ménages mais en négligeant les pourcentages des types de bâtiments. Enfin, une fois la boucle achevée, il reste généralement quelques cellules urbanisables non bâties. Ces cellules sont alors classées comme étant des espaces végétalisés, symbolisés dans le modèle par un arbre.

Conclusion et perspectives

Cette étude présente les premiers résultats issus de la conception d'un modèle 3D destiné à la simulation de scénarios de développement résidentiel en utilisant une approche orientée BIM. Le nouveau modèle SLEUTH[3D] est le résultat de l'adaptation du modèle de simulation de la tache urbaine, SLEUTH. Le passage de la notion de tache urbaine aux parcelles en intégrant la 3D est un processus complexe qui soulève de nombreuses questions d'ordre théorique et méthodologique. Il requiert plusieurs paramètres qui ne sont pas nécessairement pris en compte dans la version initiale de SLEUTH.

Les objectifs principaux de cette étude consistent, en priorité, à optimiser le positionnement des bâtiments sur la tache urbaine, simulée par SLEUTH selon un ensemble de critères tels que l'utilité et le niveau de dispersion des bâtiments. Des améliorations futures devraient permettre la prise en compte et la formalisation des règles d'urbanisme (PLU, PLH) dans le processus de simulation. La hiérarchisation et la modélisation plus précise des routes sont aussi à prévoir. Le but final est d'arriver à développer un modèle paramétrique qui, en plus des caractéristiques géométriques et des formes urbaines, permettra d'intégrer des facteurs explicatifs du développement résidentiel et des paramètres additionnels associés aux bâtiments.

Références bibliographiques

Agarwal, C., Green, G.L., Grove, M., Evans, T., Schweik, C., *A review and assessment of land-use change models: Dynamics of space, time and human choice.* General Technical Report NE-297, U.S. Department of Agriculture, Forest Service, Northeastern Research Station, 2000. 67 p.

Aguejdad, R., Doukari, O., Houet, T., Avner, P., Viguié, V., *Étalement urbain et géoprospective : apports et limites des modèles de spatialisation. Application aux modèles SLEUTH, LCM et NEDUM-2D.* Cybergeo, No. 782, 2016.

Aguejdad, R., Hubert-Moy, L., *Suivi de l'artificialisation du territoire en milieu urbain par télédétection et à l'aide de métriques paysagères. Application à une agglomération de taille moyenne,* Rennes Métropole. *Cybergeo,* No. 766, 2016.

Aguejdad, R., Hidalgo, J., Doukari, O., Masson, V., Houet, T., *Assessing the influence of long-term urban growth and climate change scenarios on urban climate,* iEMSs 2012, Leipzig, Germany, 2012.

Biljecki, F., Stoter, J., Ledoux, H., Zlatanova, S., Çöltekin, A., Applications of 3D City Models: State of the Art Review. in *ISPRS International Journal of Geo-Information*, vol. 4, 2015, pp. 2842–2889.

Candau, J., *Temporal calibration sensitivity of the SLEUTH urban growth model. Master's thesis,* Department of Geography, University of California, Santa Barbara, CA, 2002.

Candau, J., Rasmussen, S., Clarke, K.C., A coupled cellular automaton model for land use/ land cover dynamics. *4th International Conference on Integrating GIS and Environmental Modeling (GIS/EM4): Problems, Prospects and Research Needs.* Banff, Alberta, Canada, September 2 - 8, 2000.

Clarke, K.C., A Decade of Cellular Urban Modeling with SLEUTH: Unresolved Issues and Problems. in Brail R.-K. (eds.), *Planning Support Systems for Cities and Region*, Lincoln Institute of Land Policy, Cambridge, MA, 2008, pp. 47–60.

Clarke, K.C., Gazulis, N., Dietzel, C.K., Goldstein, N.C., A decade of SLEUTHing: Lessons learned from applications of a cellular automaton land use change model. Chapter 16 in Fisher, P. (ed) Classics from IJGIS. *Twenty Years of the International Journal of Geographical Information Systems and Science.* Taylor and Francis, CRC. Boca Raton, FL., 2007, pp. 413–425.

Clarke, K.C., Hoppen, S., Gaydos, L., A self-modifying cellular automaton model of historical urbanization in the San Francisco Bay area. in *Environmental and Planning B: Planning and Design*, 24, 1997, pp. 247–261.

Dahal, K.J., Chow, T.E., A GIS toolset for automated partitioning of urban lands. *Environmental Modeling and Software*, vol. 55, 2014, pp. 222–234.

Dietzel, C., Clarke, K.C., Toward Optimal Calibration of the SLEUTH Land Use Change Model. *Transactions in GIS*, vol. 11, No. 1, 2007, pp. 29–45.

Haase, D., Schwarz, N., Simulation Models on Human–Nature Interactions in Urban Landscapes: A Review Including Spatial Economics, System Dynamics, Cellular Automata and Agent-based Approaches. *Living Reviews in Landscape Research*, vol. 3, No. 2, 2009.

Houet, T, Aguejdad, R., Doukari, O., Battaia, G., Clarke, K., Description and validation of a "non path-dependent" model for projecting contrasting urban growth futures. *Cybergeo*, No. 759, 2016.

Houet, T., Verburg, P.H., Loveland, T.R., Monitoring and modeling landscape dynamics. *Landscape Ecology*. 25, 2010, pp. 163–167.

Jantz, C.A., Goetz S.J., Analysis of scale dependencies in an urban land-use change model. *International Journal of Geographical Information Science*, vol. 19, No. 2, 2005, pp. 217–241.

Jenerette, G.D., Poterie, D., Global analysis and simulation of land-use change associated with urbanization. *Landscape Ecology*, vol. 25, 2010, pp. 657–670.

Mas, J.F., Kolb, M., Paegelow, M., Camacho Olmedo, M.T, Houet, T., Inductive pattern-based land use/cover change models: A comparison of four software packages. *Environmental Modeling and Software*, 51, 2014, pp. 94–111.

Masson, V., Marchadier, C., Adolphe, L., Aguejdad, R., Avner, P., Bonhomme, M., Bretagne, G., Briottet, X., Bueno, B., de Munck, C., Doukari, O., Hallegatte, S., Hidalgo, J., Houet, T., Le Bras, J., Lemonsu, A., Long, N., Moine, M.P., Morel, T., Nolorgues, L., Pigeon, G., Salagnac, J.L., Viguié, V., Zibouche, K., Adapting cities to climate change: A systemic modeling approach. *Urban Climate*, vol. 10, No. 2, 2014, pp. 407–429.

Santé, I., García, A.M., Miranda, D., Crecente, R., Cellular automata models for the simulation of real-world urban processes: A review and analysis. *Landscape and Urban Planning*, vol. 96, No. 2, 2010, pp. 108–122.

Étude et réalisation

A Case Study Investigation of Industry Templates and Information Quality Methodologies for the Definition and Assessment of Asset Information Requirements

Kay Rogage, Richard Watson

Faculty of Engineering & Environment, Northumbria University,
Ellison Place, Newcastle-upon-Tyne, NE1 8ST, United Kingdom.
e-mails: k.rogage@northumbria.ac.uk, richard.watson@northumbria.ac.uk

Abstract

A case study of a social housing organisation's approach to the adoption of a Building Information Modelling (BIM) methodology for the definition and capture of asset information is presented. The use of information derived from BIM processes has long been recognised as beneficial to the effective management of the operation and maintenance of buildings, and large portfolios of buildings in particular. The application of tools and standards and their relevance in an empirical setting are explored. Information templates provided within guidelines such as the NBS BIM Toolkit, BIM Forum LOD and COBie offer guidance on the asset information to be captured and transferred during each phase of the building lifecycle. This study demonstrates that existing templates require amendment (both addition and removal of information requirements) in order to deliver the custom requirements of clients that manage large asset portfolios. Such customisation is not common practice in the industry at present. Existing guidelines also fail to provide methodologies for assessing the quality of information that is handed over. This paper builds on and extends the current literature to address how the quality of information and data can both be specified and validated to ensure that the data received within a BIM meets the needs of the operation and maintenance phases of the business. Management Information Sciences (MIS) research offer methodologies for measuring Information Quality (IQ). The contribution to knowledge is an approach which combines MIS research for IQ assessment with BIM methodologies to provide a new approach to developing asset information requirements.

Key words

BIM, Asset Maintenance, Facilities Management, Information Quality, Information Requirements

Résumé

Cet article présente une étude de cas de l'adoption d'une Méthodologie (BIM) par un organisme de logement social, concernant la définition et la saisie des données sur les actifs. L'utilisation d'informations dérivées des processus BIM est reconnue depuis longtemps comme intéressante pour l'exploitation et la maintenance de bâtiments, en particulier pour les grands portefeuilles. On évalue ici les conditions d'utilisation d'outils et de normes, ainsi que leur pertinence dans un cadre empirique. Les modèles de données fournis dans le cadre des directives, telles que celles des boîtes à outils comme BIM NBS, BIM Forum LOD et COBie, offrent une assistance pour la saisie et le transfert de données sur les actifs, et ce, à chaque phase du cycle de vie du bâtiment. Cette étude montre que les modèles existants doivent être améliorés (pour l'ajout et la suppression des exigences d'information) afin de répondre aux exigences des clients qui gèrent de grands portefeuilles d'actifs. Une telle personnalisation n'est pas habituelle dans l'industrie actuellement. Les directives actuelles ne fournissent pas de méthodologies permettant d'évaluer la qualité de l'information transmise. Ce document, basé sur la littérature actuelle, l'enrichit en proposant comment la qualité de l'information et des données peuvent être à la fois spécifiées et validées pour s'assurer que les données reçues dans un BIM tiennent bien compte des besoins de l'opération patrimoniale et des différentes phases de maintenance. La recherche en Management de l'Information (MIS) offre des méthodologies pour mesurer la qualité de l'information (QI). Notre contribution à la communauté de recherche sur ce sujet consiste à proposer une approche qui combine la recherche MIS pour l'évaluation de QI avec les méthodologies BIM, afin de construire une nouvelle façon de décrire les besoins et les performances des actifs.

Mots-clés

BIM, Maintenance des Actifs, Gestion des Installations, Qualité de l'Information, Conditions d'information

Introduction

Large estate holders use digital asset information systems to capture business data that can offer insight into both scheduled and reactive maintenance routines. Building Information Models (BIMs) are intended to provide detailed information about assets as designed and constructed. Asset information such as manufacturer details, material, parts and warranty information can support the efficient and cost-effective repair, replacement and maintenance of assets. Often gaining access to this information through traditional data capture processes is slow and comes with the associated cost of obtaining this data and attaching it to asset maintenance registers. Much of the data handed over during a traditional site build is contained in uneditable PDF format, meaning that the information within the document has to be manually copied and pasted into digital asset information systems (Kassem *et al.*, 2015). Often the handover of data happens when products are outside of their warranty, making it difficult to maintain assets as required within the warranty period.

Importing highly detailed asset data from BIMs into digital asset information systems will reduce the cost and time associated with collecting this data and adding it to digital asset registers (Teicholz, 2013). Furthermore, having access to asset data defined at the as-built stage will ensure that the data is accurately recorded, which is of particular importance when retrieving installation and warranty data. A well-defined set of Asset Information Requirements (AIR) that not only provide detail of the required data but also address aspects of information quality at the outset of a project can reduce costs associated with acquiring data for use during the Operational and Maintenance (O&M) phases of a building.

A case study of the social housing organisation Your Homes Newcastle (YHN) is used as an empirical study to explore existing approaches to AIR development. An enhanced methodology is presented for supporting clients in developing AIRs more accurately to meet their needs for the O&M of built assets. Current guidelines for the development of an AIR are provided in the UK government level 2 suite of documents (British Standards Institution, 2007; British Standards Institution, 2013; British Standards Institution, 2013a; British Standards Institution, 2014; British Standards Institution, 2014a; British Standards Institution, 2015; buildingSMART, 2016). Additionally, tools exist that offer guidance on the development of the AIR and validation of the data within BIMs (National Building Specification, 2017; buildingSmart, 2017). The industry currently lacks a comprehensive and structured approach to assessing the quality of information BIM models deliver for facility management, and that this requires formalization of owner information needs.

Management Information Systems (MIS) research offer methodologies for measuring Information Quality (IQ). The Assessment Information Management Quality (AIMQ) methodology provides a framework for assessing and measuring IQ and is a well-established tool in MIS research (Lee *et al.*, 2002). This paper documents the process of combining AIMQ elements with BIM processes to establish a set of information requirements for measuring and validating the quality of information procured in a digital asset information register.

An empirical study of YHN's adoption of a level-2 BIM approach to procuring asset data for a digital information system is described. YHN's traditional procurement models and manual approaches to capturing digital asset information are documented. Current asset information processes, the scope and quality of information captured and the gaps in current information are discussed. Data likely to be procured using the "standard" level 2 BIM processes and currently available tools are examined and gaps in the data specification identified. New BIM processes were developed to support YHN staff, who are not expert in BIM information, to develop their AIR documentation so that the required data would be procured through the new processes. The process of understanding YHN asset data requirements and a method for defining an accurate AIR that supports future information requirements is presented. The contribution to knowledge is an approach which combines MIS research for IQ assessment with BIM methodologies to provide a new approach to developing AIRs.

1.   Background

YHN are a social housing organisation with a portfolio of over 26,000 council-owned proper-ties. The YHN portfolio consists of a range of different property types and occupants. YHN are responsible for the management and maintenance of the properties and all their consti-tuent assets. Additionally, YHN are responsible, under the Care Act 2014, for identifying vulnerable tenants and, where possible, intercepting when issues arise relating to the use of the property that could potentially harm the occupant's welfare. YHN currently manages asset information in an APEX database system (APEX Industrial Technologies, 2018). Whilst YHN manage the council stock, the repair work is carried out by the Newcastle City Council, this means that any repair work must be reported via the council's new Works Management System (WMS). In addition to managing data across two existing systems, YHN are looking to adopt BIM processes which add a new layer of complexity to the capturing and transfer of data across the building lifecycle.

Operational handover specifications for describing the digital data requirements for the operational phases of a building are prescribed in the UK Level 2 BIM framework. Despite the government mandating the use of Level 2 BIM for centrally procured works, the adop-tion of BIM for the Facilities Management (FM) phase is still in its infancy. A number of case studies observe the adoption of BIM processes (Wang *et al.*, 2013; Arayici *et al.*, 2012; Kassem *et al.*, 2015). Kassem *et al.* (2015) identify data accuracy, accessibility and efficiencies in work order execution as some of the values that BIM for FM can bring over traditional manual processes for collecting and handing over data. Love *et al.* (2015) demonstrate that having appropriate and reliable asset information, such as product data and warranties, is pivotal for planning and carrying out O&M activities. Detailed data about an asset's condi-tion, parts requirements, location, warranty and contractual information can be spread out across documents and systems (GCR, 2004). The time spent locating and verifying asset information after handover can add significant costs to FM processes. Abdirad (2017) attempts to identify a set of metrics for assessing BIM implementation. Recommended metrics for assessing the processing of BIM throughout the lifecycle phases of a building include assessing the number of times information is required to be revised and level of infor-mation to be shared during each transaction. What the literature lacks is a method for asses-sing the quality of the shared information.

It is claimed that BIM can reduce the time taken entering and exporting data into and across systems (Kassem *et al.*, 2015). PAS1192-3 (British Standards Institution, 2014) specifies how an Asset Information Model (AIM) should be created and how the model should be used and maintained throughout the asset lifecycle. A number of tools and guidelines exist to support the development of an AIR specification. The NBS BIM Toolkit, developed in response to the "Digitising the Construction Sector" funding call, sent out by the Technology Strategy Board in March 2014, to support the construction supply chain in the adoption of BIM (Technology Strategy Board, 2014; National Building Specification, 2017). The toolkit sought to develop a tool that allowed users to specify the information required, at each stage of a plan of work and to provide tools to validate whether or not the information required had been provided. The three key components that enable this are:

1. the digital plan of work;
2. a unified classification system ;
3. a platform that supports levels of definition for information requirements. The Levels of Definition (LOD) describe what information is needed at which stage in the digital plan of work.

Finally, the BIM Forum Levels of Development Specification (BIM Forum LOD) also contains guidelines on the information requirements for different assets at different stages in the asset lifecycle (buildingSmart, 2017). The BIM guidelines and literature offer detail for defining asset information requirements, and tools such as the NBS BIM Toolkit offer validation tools for checking if data exists. International standardisation methods exist to support the quality and structure of data specifications for information handover (British Standards Institution, 2014a; National Building Specification, 2017; buildingSmart, 2017). The issues around the implementation and use of BIM and the need to standardise the process and agree a best practice are well documented (Jeong *et al.*, 2009; Azhar, 2011; Venugopal *et al.*, 2012). The importance of formalising owner information requirements is well established (Zadeh *et al.*, 2017; Patacas *et al.*, 2016; Cavka *et al.*, 2017), and as Cavka *et al.* (2017) notes, generalized definition of owner requirements are likely to fall short of meeting the highly contextual needs of a particular project or owner organisation. Several approaches have been proposed for definition of owner information requirements. Cavka *et al.* (2017) identify the computable information requirements from analysis of owner requirements gathered from analysis of documentation (codes, master specifications, technical guides, etc.) and interviews with personnel in different functions who have differing information needs. Patacas *et al.* (2016) propose the structured definition of Asset Information Requirements (AIR) using business process modelling notation (BPMN) to specify the flows of activities and supporting information. Very few of the published real-world case studies discuss the information required in BIM for the purposes of FM. Pishdad-Bozorgi *et al.* (2018) reviewed 15 case studies, demonstrating a gap in analysis in this area. A comparative evaluation of BIM standards, for specifying data requirements for the use of Facilities Managers managing data for a large portfolio of building assets, is lacking in the literature.

There is limited current literature that considers methods for defining and validating the quality of the information received in BIMs (Zadeh *et al.*, 2017). Methodologies for developing information and data quality requirements are well established in information sciences. Information quality relates to having data that is fit for purpose and available at the time it is required. MIS literature provides methodological approaches for specifying and assessing data and information quality. Hazen *et al.* (2014) demonstrate the value of using an interdisciplinary approach using data science to provide methods for addressing the quality and control of data in supply chain management. Woodall *et al.* (2013) recommend criteria for assessing the validity, completeness, comprehension, understandability, test coverage, practical utility and future resilience of data. Methods for assessing data quality from a subject, object and process perspective are proposed by Naumann and Rolker (2005). The AIMQ is a well-established tool for assessing and measuring data quality in MIS research (Lee *et al.*, 2002). The use of MIS approaches for specifying data requirements and for handover processes is largely underutilised within the BIM literature.

2.   Methodology

A mixed method approach combining interviews, observation, desktop research and data analysis was taken for this case study. Open-ended interviews were held with the YHN asset information manager and facilities manager to understand the current asset information capture tools and processes. A range of scenarios demonstrating routine scheduled maintenance and responsive repair activities were identified and used to describe information capture and usage for O&M activities. Gaps in data arising through current processes were identified by the interviewees. Researchers took notes throughout the interview documenting the processes and systems described.

A small working group at YHN developed proposals for adopting a BIM approach to procurement and the organisation subsequently agreed to fund a pilot BIM project to investigate the organisational, project and legal requirements and the associated benefits of BIM through implementation on a live project. The pilot project looked at developing BIM processes that could be implemented on a new portfolio of properties from building design through to the O&M phases. YHN employed an independent BIM consultant to help them identify the organisational requirements to support a BIM-enabled approach. The external consultant assisted YHN with the development of their Employers Information Requirements (EIR). Whilst the process of developing the EIR was outside the scope of this study, the development of the EIR was observed to gain a better understanding of the organisation's information requirements for asset maintenance.

Both researchers attended five workshops held by YHN and the BIM consultant to develop the EIR. The researchers observed these workshops and took notes about the process and the information requirements highlighted during the workshops. The process for the definition of YHN information requirements focussed on generating the documented outputs of PAS 1192. Initial workshops identified high-level Organisational Information Requirements (OIR). These informed the development of an employer's BIM Execution Plan (BEP) and Employer's Information Requirements (EIR). Both documents were developed using generic templates. The EIR contained a Model Production and Delivery Table listing building elements, identifying those that were maintainable assets and setting out the Level of Detail (LOD) and Level of Information (LOI) required for these at each stage of the plan of work. The detailed information requirements for FM purposes were defined by invoking the LOD/ LOI information for each maintainable asset from either the BIM Forum or NBS BIM Toolkit templates. This adoption of standard templates differs significantly from requirements-based definition proposed by Cavka *et al.* (2017) and business process modelling as proposed by Patacas *et al.* (2016), and risks adopting generic information requirements that do not fully suit the owner or particular project.

The researchers worked with a sub-group of the YHN BIM working group to assess the NBS BIM Toolkit and BIM Forum LOD product templates for defining the YHN information requirements for the BIM project. The sub-group included YHN's Asset Information Manager, an Asset Information Officer and the Facilities Manager. The sub-group is responsible for the capture and processing of data for supporting asset installation, repair and maintenance activities. Three scenarios were selected for testing YHN's requirements against the two templates, the scenarios included replacing or repairing a window restrictor, an Energy Performance Certificate (EPC) and a sprinkler system. These scenarios are typical of the information that YHN captures and uses to support repair, maintenance and other processes on a regular basis. The window restrictor relates to a single component whereas the sprinkler system relates to a system comprising multiple products and the EPC relates to a whole building. The scenarios were selected in agreement with YHN who identified them as common scenarios.

The researchers developed an information requirements capture model for capturing YHNs current and future asset information requirements. The model was built on the five IQ assessment criteria recommended by Woodall *et al.* (2013). These criteria include validity, completeness, comprehension, understandability, test coverage, practical utility and future resilience of the data. By contrast, the IQ model for FM suggested by Zadeh *et al.* (2017) identifies five IQ criteria from issues observed via case study; incompleteness, inaccuracy, redundancy, wellformedness and understandability. The Woodall model specifies information that is required about the asset data to ensure the data can be evaluated against the five IQ assessment criteria. Table 1 provides the information required by the framework and identifies the assessment criteria each element relates to. The information requirements were also tested with YHN staff from several departments, through discussion around the various scenarios in which the asset information would be used, the purpose, expected outcomes and who the information would need to be shared with.

For each scenario, the researchers asked the YHN sub-group what information they needed at the building handover stage to operate the asset in question. Each item of information was listed in the "Information Item" column of table 1. Then the sub-group were asked what type of information they would need for each item; the type of information is listed in the Value column of table 2. Then the researchers prompted the sub-group for future scenarios of data use such as what information would be required if to repair or replace an asset or to respond to a change in regulations relating to the asset. The items in the Information Item column were extended to include the data required to perform these actions. Finally, the sub-group were asked who might need access to the information, in what format and how would they access that information: this led to further items being added to the Information Item and Value columns of table 1.

Table 1. Information Requirements Capture

Information Item	Value	IQ Assessment Criteria
Object	Name of asset	
Data required	e.g. size, manufacturer, product ref., etc.	Completeness, comprehension, validity, understandability
Preferred format	PDF, CSV, ENUM, etc.	Practical utility
Current data	PDF, etc.	Comprehension
Where captured	APEX, WMS, Health and Safety Manual, etc.	Future resilience
Process and format	e.g. manually taken from contractor PDF	Practical utility
Additional Data	Any additional data required	Completeness

Information Item	Value	IQ Assessment Criteria
Data importance	Essential, Desirable	Validity
Classification	e.g. Uniclass, Omniclass, NBS etc.	Completeness, comprehension, validity, understandability
Required for Replacement	True/False	Test coverage, future resilience
Stage required for Replacement	RIBA Plan of Work	Test coverage, future resilience
Required for Repair	True/False	Test coverage, future resilience
Stage required for Repair	DPoW	Test coverage, future resilience
Required for Maintenence	True/False	Test coverage, future resilience
Stage required for Maintenance	DPoW	Test coverage, future resilience
Required for regulation	Regulation name	Test coverage, future resilience
Stage required for Regulation	NBS Toolkit LOD stage	Test coverage, future resilience
Shared with	Tenants, repair staff, building manager, care staff, enforcing authorities, other-specify	Test coverage, practical utility, future resilience
Other information		
Current data validation method		Validity

The researchers compared the identified YHN information requirements for a scenario against the information defined in the BIM Toolkit LOD, BIM Forum LOD and COBie. This comparison highlighted which information properties were defined, what the required format was and whether they were specified at the stage at which YHN would require them to facilitate the scenario usage. Gaps in current YHN information processes were identified, along with gaps between the product templates provided by the standards and the identified YHN requirements.

3. Findings

The first asset assessed was that of a windows restrictor, a safety mechanism specifying how far a window may be opened. The YHN sub-group developed a set of information requirements for the windows restrictor asset using the information capture framework in table 1. This provided a list of information requirements for the asset, along with the preferred data values and formats. Table 2 provides an example of a sub-set of information requirements for the window restrictor example.

Table 2. Window Restrictor Information Requirements

	Required Data Values	Preferred Format
Manufacturer Information		PDF
Operating Manual		PDF
Warranty Information		PDF
Restrictors required	true/false	XML
Restrictors fitted	true/false	XML
Reason not fitted if required	tenant refused; unable to gain access; technical problem; etc.	XML

The researchers then identified which of the required asset information requirements were available in the COBie specification. Then the same process was carried out for the BIM Forum LOD and the NBS BIM Toolkit. Table 3 shows the information requirements that were specified by the standards and guidelines and which requirements were missing. As table 3 demonstrates, none of the guidelines cover all of the information requirements required for the window restrictor asset. COBie has a facility to link documents to assets, which was able to accommodate any asset information requirements that required a document as their preferred data format. The BIM Forum LOD had no specification for windows restrictors. The NBS BIM Toolkit lacked definitions for the operating manual, specifying if restrictors were required, fitted and for supplying any reasons for not having them fitted. Further to this, the NBS BIM Toolkit offered additional information requirements such as "windows restrictor stays" and "description", which could potentially lead to the creation of unnecessary additional data. Out of the 23 information requirements identified for a window restrictor, 12 were available within the COBie specification, none were available in the BIM Forum LOD, 13 were available within the NBS BIM Toolkit, with the latter specifying 2 additional information requirements.

Table 3. Window Restrictor Information Requirements

	Required Data Values	Preferred Format	COBie	BIM Forum	NBS Toolkit
Manufacturer Information		PDF	COBie «Document»		Manufacturer
Operating Manual		PDF	COBie «Document»		
Warranty Information		PDF	COBie «Document»		Warranty guarantor (parts), Warranty duration(parts), Warranty guarantor (labour), Warranty duration (labour), Warranty duration unit, Warranty description, Warranty start date
Restrictors required	true/false	XML			
Restrictors fitted	true/false	XML			
Reason not fitted if required	tenant refused; unable to gain access; technical problem; etc.	XML			

There are three types of repair work: i) planned or preventative maintenance such as annual boiler service; ii) reactive/responsive maintenance, where a tenant reports a problem; and iii) pre-tenancy maintenance (when a property becomes vacant and has to be prepared for new tenants). In the latter, there is no way of knowing what the extent of the repair work will be, as there are no details about the current state of the property. Asset data is used to support repair and maintenance tasks within properties (for example, to ensure that maintenance operatives have the correct spare parts and instructions when they attend a property). Data can also be used to highlight problems with certain types of assets or to identify occupant behaviour that requires further

Data is supplied by contractors during the handover phase of the building. Often data is incomplete or out of the warranty phase by the time it gets to YHN information officer's and added to the APEX system. Data is exported from the APEX system and imported into the WMS, the import process requires a member of the council to manually import the data as a Comma Separated Values (CSV) file. YHN are reliant on someone at the council to import the data into the WMS system. Managing data across the two databases is viewed by YHN as inefficient and currently incurs costs associated with the time taken by YHN information managers to identify and collect data from consultants, contractors, suppliers and partner organisations, enter data into the internal database and export data to the council database. Historical data is inconsistent and incomplete in places making it difficult to get accurate asset information required for repair and maintenance tasks. This results in low levels of trust in the quality of data held and information managers tend to rely on their own knowledge and that of colleagues, gained from previous tasks or gathered during the lifecycle of other properties within the portfolio.

The information requirements capture model identified what information is currently required and at what stage in the DPoW. The AIR product templates provided by the NBS BIM Toolkit, the BIM Forum LOD and COBie did not fully meet the YHN information requirements for the three scenarios investigated. Furthermore, the stages that YHN required information differed from those stages specified within the standards. Out of the three standards evaluated, the NBS BIM Toolkit contained the most attributes required for the O&M phases of YHN assets and includes within it the COBie 'Type' properties intended to capture asset information. Despite being the most relevant out of the three standards, YHN specific information requirements were still not catered for within the NBS BIM Toolkit LOD. Asset information at a whole building level, such as the information required for an Energy Performance Certificate, were observed as important to YHN, but are poorly supported in existing product template data.

4.   Discussion

A definition of the asset information requirements that is specific to the asset-owning organisation will obviously be of benefit in ensuring that all of the information required is obtained at the right stage of the project. This would be best achieved through the adaptation and customisation of the standard templates rather than attempting to develop the information requirements completely. For this case study, the NBS BIM toolkit template was found to be a more complete match to the organisation information requirements for YHN and would therefore present the logical starting point for customisation.

The approach adopted for the three concepts and scenarios was found to be beneficial in identifying information requirements and gaps in the standard templates, but is likely to be prohibitively time-consuming to undertake for every component, system, space and building for a project. It is suggested that an approach might be to:

- Identify the most critical/valuable information the asset owning organisation requires and undertake the exercise only for the most significant. This would ensure that no critical data is missing for these areas. The standard templates are likely to provide the majority of information required elsewhere and a significant improvement over current practice for many organisations;

- Organisations that procure construction projects on a regular basis have the opportunity to develop and manage their asset information requirements over time. They may adopt processes to review specific asset information by applying processes such as those developed for this project and addressing gaps and shortcomings identified. By adopting this strategy, the AIR becomes a dynamic document that captures knowledge and lessons from projects and ongoing management processes and is subject to continuous improvement;
- A managed AIR such as this should also capture why information is required, which processes it is required to support, which stakeholders or systems it is shared with and for what purpose in order to capture the relative importance of the information and understand the implications of any changes to systems that use the information;
- Asset-owning organisations will also need to define and implement processes to check the data delivered during BIM projects against the requirements set out in their AIR documentation. This is likely to be a combination of manual, semi and fully-automated processes, and resource needs to be made available for this if levels of trust in the data assets are to be improved.

Conclusions

The benefits BIM can bring in terms of cost savings and improved information capture are well established in the literature. Even with the availability of tools, standards and frameworks, capturing and transferring data that is complete, relevant and usable at the O&M stages is a challenge. MIS research offers methodologies for defining and assessing information within projects.

- Templates for AIR such as BIM forum and NBS BIM toolkit should ensure that significantly higher quality information is delivered in the AIM than using non-BIM current practice. This was clearly evident in the case study for component examples investigated (window restrictors and sprinklers). These findings support those within the literature that demonstrate the requirement for a formalised approach to developing owner information requirements (Zadeh *et al.*, 2017; Patacas *et al.*, 2016; Cavka *et al.*, 2017);
- There is a tendency to accept the NBS or BIM forum templates without adapting them to the particular information requirements of the asset owner. As Cavka *et al.* (2017) suggest, this may be due to inexperience on the part of the asset owner, the processes for AIR/EIR development or the resource required to fully define information requirements and then customise the templates to suit. From the investigation of this YHN case study, such adoption of the standard templates would result in some information requirements not being fulfilled by the BIM procurement, potentially resulting in the organisation not realising the full benefits of BIM.
- The client organisation (in this case YHN) is best placed to identify their information requirements and undertaking this work for a small sample of specific examples (window restrictors, sprinkler systems and EPCs) was a relatively straightforward process, especially when supported with structured questioning and documentation. The standard templates provide a valuable data source against which to test information requirements as they are being developed, and this is beneficial to the identification of information gaps.

A standardised questioning process can be adopted to assist in identification of information requirements across concepts (products/components, systems and whole building). The information requirements capture framework offers an approach to formalising this process enabling non-BIM experts to have a tool with which to begin identifying and defining their information requirements. The researchers have identified a number of areas of further work resulting from this case study. The structured questioning template should be tested against a wider set of concepts and scenarios (e.g. for information relating to specific spaces or different building types). Further case studies with other asset owners would be beneficial, in order to test and refine the methodologies against different building and organisation types. A framework for a managed AIR can be developed, along with processes for checking information obtained during a BIM project against the requirements set out in the AIR. This should adopt AIMQ to assess the quality of information captured, i.e. after the data has been captured and used to carry out maintenance activities. Follow-on work is planned to extend the current case study through to completion of the construction and into maintenance cycles.

References

Abdirad, H. Metric-based BIM implementation assessment: a review of research and practice. in *Architectural Engineering and Design Management*, 13(1), 2017, pp. 52-78.

APEX Industrial Technologies, APEX Supply Chain Technologies. [Online], 2018.

Available at: http://www.apexsupplychain.com [Accessed February 2018].

Arayici, Y., Onyenobi, T. C. & Egbu, C. O., Building information modelling (BIM) for facilities management (FM): The MediaCity case study approach. in *International Journal of 3D Information Modelling*, 1(1), 2012., pp. 55-73.

Azhar, S., Building information modeling (BIM): Trends, benefits, risks, and challenges for the AEC industry. Leadership and Management in Engineering, 11(3), 2011. pp. 241-252.

British Standards Institution, BS1192:2007: Collaborative production of architectural, engineering and construction information. Code of practice, London: British Standards Institution, 2007.

British Standards Institution, B/555 Roadmap (June 2013 Update): Design, Construction & Operational Data & Process Management for the Built Environment, s.l.: British Standards Institution, 2013a.

British Standards Institution,. PAS1192-2:2013 Specification for information management for the capital/delivery phase of construction projects using building information modelling, London: British Standards Institution, 2013.

British Standards Institution, BS 1192-4:2014 Collaborative production of information. Fulfilling employer's information exchange requirements using COBie. Code of practice, London: British Standards Institution, 2014a.

British Standards Institution, PAS1192-3:2014 Specification for information management for the operational phase of assets using building information modelling (BIM), London: British Standards Institution, 2014.

British Standards Institution, PAS 1192-5:2015 Specification for security-minded building information modelling, digital built environments and smart asset management, London: British Standards Institution, 2015.

buildingSMART, IfcBuildingElementProxy. [Online], 2016. Available at: http://www.buildingsmart-tech.org/ifc/IFC2x3/TC1/html/ifcproductextension/lexical/ifcbuildingelementproxy.htm [Accessed February 2018].

buildingSMART, LOD. [Online], 2017. Available at: http://bimforum.org/lod/ [Accessed February 2018].

Care Act, 2., [Online], 2014. Available at: http://www.legislation.gov.uk/ukpga/2014/23/introduction/enacted [Accessed February 2018].

Cavka, H. B., Staub-French, S., Poirier, A., Developing owner information requirements for BIM-enabled project delivery and asset management, in *Automation in Construction*, Volume 83, 2017, pp. 169-183.

GCR, N., *Cost analysis of inadequate interoperability in the US capital facilities industry*, s.l.: National Institute of Standards and Technology (NIST), 2004.

Hazen, B. T., Boone, C. A., Ezell, J. D. & Jones-Farmer, L. A., Data quality for data science, predictive analytics, and big data in supply chain management: An introduction to the problem and suggestions for research and applications. in *International Journal of Production Economics*, Volume 154, 2014, pp. 72-80.

Jeong, Y., Eastman, C., Sacks, R. & Kaner, I., Benchmark tests for BIM data exchanges of precast concrete. in *Automation in construction*, 18(4), 2009. pp. 469-484.

Kassem, M. *et al.*, BIM in facilities management applications: a case study of a large university complex. in *Built Environment Project and Asset Management*, 5(3), 2015 , pp. 261-277.

Lee, Y., Strong, D., Kahn, B. & Wang, R., AIMQ: a methodology for information quality assessment. *Information & management*, 40(2), 2002, pp. 133-146.

Love, P. E. *et al.*, A systems information model for managing electrical, control, and instrumentation assets. in *Built Environment Project and Asset Management*, 5(3), 2015. pp. 278-289.

National Building Specification, NBS BIM Toolkit. [Online], 2017. Available at: https://toolkit.thenbs.com [Accessed February 2018].

Naumann, F. & Rolker, C., Assessment methods for information quality criteria. Berlin: Humboldt-Universität zu Berlin, Mathematisch-Naturwissenschaftliche Fakultät II, Institut für Informatik, 2005.

Patacas, J., Dawood, N., Greenwood, D, and Kassem, M., Supporting building owners and facility managers in the validation and visualisation of asset information models (AIM) through open standards and open technologies. in *Journal of Information Technology in Construction*, Volume 21, ISSN 1874-4753, 2016, pp. 434-455.

Pishdad-Bozorgi, P., Gao, X., Eastman, C., Self, A. P., Planning and developing facility management-enabled building information model (FM-enabled BIM), in *Automation in Construction*, 87(7), 2018, pp. 22-38, https://doi.org/10.1016/j.autcon.2017.12.004.

Technology Strategy Board, Digitising The Construction Sector. [Online], 2014.

Available at: https://connect.innovateuk.org/documents/22430844/0/Digitising%20the%20construction%20sector%20-%20competition%20brief [Accessed February 2018].

Teicholz, P., *BIM for Facility Managers*. New Jersey, NJ. : John Wiley & Sons, 2013.

Venugopal, M., Eastman, C., Sacks, R. & Teizer, J., Semantics of model views for information exchanges using the industry foundation class schema. in *Advanced Engineering Informatics*, 26(2), 2012. pp. 411-428.

Wang, Y. *et al.*, Engagement of facilities management in design stage through BIM: framework and a case study. in *Advances in Civil Engineering*, 2013.

Woodall, P., Borek, A. & Parlikad, A. K., Data quality assessment: the hybrid approach. in *Information and Management*, 50(7), 2013. pp. 369-382.

Zadeh, P. A., Wang, G., Cavka, H. B., Staub-French, S., Pottinger, R., Information Quality Assessment for Facility Management, in *Advanced Engineering Informatics*, Volume 33, 2017, pp. 181-205.

CHAPITRE 6

Maquette numérique d'une rue du vieux Bayonne pour son étude thermique par éléments finis

Jairo Acuña Paz y Miño[1,2], Vincent Lefort[2], Claire Lawrence[1,2], Benoit Beckers[1,2]

[1] UPPA Université de Pau et des Pays de l'Adour – ISA BTP, Anglet, France

[2] Urban Physics Joint Laboratory

e-mail : j.acuna@univ-pau.fr [1]

Abstract

The work presented here has consisted in the *construction* of a 3D model in a street of the Petit Bayonne, capable of reproducing in a simple but precise way the complex characteristics of the urban scene that could be used to calibrate thermal simulations.

In order to achieve thermal simulation, it is necessary to use a finite element method. This generates specific questions concerning the geometry of the scene, meshing choices and model semantics. 3D models designed to study radiation phenomena, whether heat or daylight, pay particular attention to the level of detail and geometric quality.

This 3D model, consisting of *"building blocks"*, represents building elements oriented towards semantic objects.

Key words

Thermography, finite elements, mesh generation, 3D modelling, semantic building model.

Résumé

Le travail présenté ici a consisté en la *construction* d'un modèle 3D dans une rue du Petit Bayonne, capable de reproduire de manière simple mais précise les caractéristiques complexes de la scène urbaine, qui pourrait ensuite être utilisée pour calibrer les simulations thermiques.

Pour réaliser la simulation thermique, il est nécessaire d'utiliser une méthode par éléments finis. Cela génère des questions spécifiques concernant la géométrie de la scène, les choix de maillage et la sémantique du modèle. Les modèles 3D conçus pour étudier les phénomènes de rayonnement, qu'il s'agisse de la chaleur ou de la lumière du jour, accordent une attention particulière au niveau de détail et à la qualité géométrique.

Ce modèle 3D, constitué principalement de « blocs de construction », représente des éléments de construction orientés vers des objets sémantiques.

Mots-clés

Thermographie, éléments finis, génération de maillage, modélisation 3D, modélisation sémantique du bâtiment.

Introduction

L'objectif de ce travail est de construire un modèle 3D capable de reproduire de manière simple mais précise les caractéristiques complexes de la scène urbaine, afin de réaliser des simulations thermiques dans un code de calcul par éléments finis.

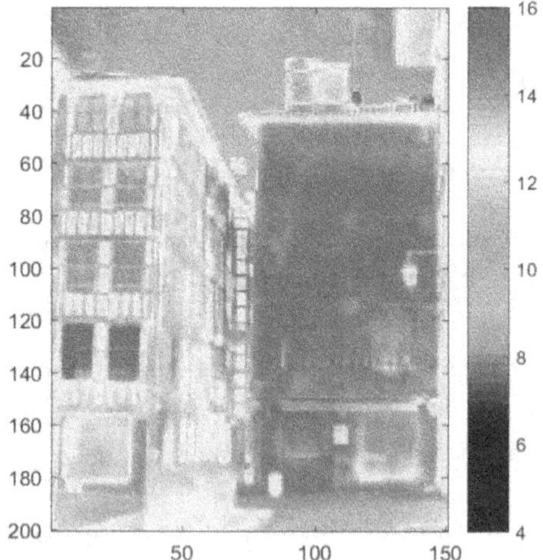

Figure 1. Rue des Tonneliers, Bayonne 23 avril 2017 (9 h 30) Thermographie extérieure

Comme l'acquisition de données 3D est de plus en plus accessible (avec les progrès technologiques et la baisse des prix) et est traité par des logiciels de plus en plus performants, leur utilisation dans différentes applications pratiques sur chantier ou scientifiques est donc plus fréquente. Cependant, il est important de définir leur usage dès le départ afin d'éviter d'être surchargé d'éléments inutiles, et il n'est pas nécessaire de modéliser tout le nuage de points en *Building Information Modeling* (BIM). Mais malgré les progrès, une part des traitements est toujours faite manuellement, en fonction des applications visées.

Nous présenterons ici notre travail sur les modèles 3D à l'échelle urbaine, destinés à l'étude des rayonnements thermiques, à partir du cas d'étude de la rue des Tonneliers à Bayonne (64), en discutant le niveau de détail requis et la qualité géométrique selon nos besoins.

1.   De la visualisation 3D aux modèles 3D

Depuis l'origine, la modélisation 3D a eu pour principal objectif la visualisation et l'interaction entre l'être humain et l'ordinateur [Sutherland, 1968].

La différence entre la réalité virtuelle ou l'infographie 3D et la modélisation 3D urbaine provient de la sémantique. On ne modélise pas de la même manière une scène urbaine pour rendre le modèle réaliste et pour la simulation physique [Clark *et al.*, 1976]. Les modèles 3D de scènes urbaines, en plus des aspects spatiaux et géométriques, comprennent une structure sémantique qui inclut différents attributs et leurs interrelations. Cela nous rapproche du domaine BIM [Senave *et al.*, 2015] et des processus *Architecture/Engineering/Construction* et *Computer-aided architectural design* (CAAD), où chacun de ces objets est représenté par ses propriétés tridimensionnelles et leurs interrelations [Kolbe, 2009].

La modélisation des scènes urbaines représente généralement une tâche ardue, dans laquelle on cherche à représenter avec précision les environnements complexes créés par l'homme.

Une ville se compose de milliers de bâtiments, ce qui représente une difficulté lorsqu'il s'agit de la modéliser, même partiellement, d'autant plus que l'information nécessaire pour construire le modèle est souvent inaccessible, rare ou inexistante [Prévot *et al.*, 2011].

Lorsque nous nous référons au niveau de détail (LoD) d'un modèle urbain, nous prenons en compte la quantité d'informations qu'il contient, ses caractéristiques visuelles et sa complexité géométrique, mais aussi et surtout sa sémantique et sa richesse dans le détail [Gröger *et al.*, 2012], et il existe une relation entre le modèle 3D et les informations nécessaires pour sa construction, dépendante de son LoD.

Le LoD est généralement le point de référence pour spécifier l'aptitude d'un modèle 3D, [Luebke *et al.*, 2003], mais ce n'est qu'un des aspects à considérer lors de la modélisation d'une scène urbaine. D'un point de vue géométrique, plusieurs variantes du même modèle 3D sont possibles, au sein d'un niveau de détail équivalent [Biljecki *et al.*, 2017].

Les modèles 3D conçus pour étudier les phénomènes de rayonnement, qu'il s'agisse de chaleur ou d'éclairage naturel, accordent une attention particulière au niveau de la sémantique et à la qualité géométrique. En termes de simulation d'énergie solaire, la définition du niveau de détail (LoD) optimal à l'échelle du quartier n'est pas un problème simple, et la plupart des approches sont faites en partant d'un point de vue empirique [Besuievksy *et al.*, 2016].

2.   Différentes modélisations 3D

La modélisation géométrique des scènes urbaines se confronte à deux défis majeurs : (i) l'acquisition de toutes les informations nécessaires sur l'environnement urbain à modéliser; et (ii) le traitement, l'édition et la production du modèle tridimensionnel.

Alors que certaines applications tolèrent certaines approximations géométriques, d'autres ne tolèrent que des modèles précis [Aliaga, 2013].

En termes d'acquisition et de traitement, la méthode la plus simple pour la construction d'un modèle 3D est peut-être l'extrusion de polyèdres à partir d'une emprise au sol jusqu'à une hauteur mesurée. La norme CityGML définit ce modèle de type boîte avec un toit plat, comme un LoD1. C'est l'un des LoD les plus utilisés, car, malgré son niveau de détail simple, ces modèles contiennent une grande quantité d'informations utiles pour de multiples applications. Cette méthode a été catégorisée par Aliaga en tant que « modélisation interactive ». Elle est forcément hautement manuelle et a été très employée. Les résultats continuent d'être utilisés aujourd'hui. Malgré son apparente simplicité, il faut noter la difficulté de produire ou de trouver des ensembles de données contenant des informations sur les hauteurs d'une scène urbaine, ce qui retarde, entrave ou nuit à la production de modèles 3D urbains.

D'autre part, Aliaga détermine la méthode de reconstruction, qui fonctionne à partir d'algorithmes automatiques qui traitent une grande quantité d'informations obtenues par des scanners et des images aériennes ou terrestres. Cette méthode parvient à générer des nuages de points avec des informations géométriques de la scène et un code de couleur RGB. Cela permet de différencier les matériaux, les textures et les couleurs entre autres. Cependant, cette méthode se concentre principalement sur la reconstruction d'espaces 3D. Il n'est donc pas possible d'obtenir automatiquement un modèle structuré.

Enfin, la méthode de modélisation procédurale est basée sur la répétitivité de l'espace urbain, et cherche à construire des modèles 3D de la ville en déterminant des règles générales. Ce sont des modèles hautement modifiables [Besuievksy *et al.*, 2016, Aliaga, 2013].

3.   Paramètres importants pour un modèle 3D à l'échelle urbaine pour des simulations thermiques

Au-delà des principes généraux qui ont été illustrés dans les paragraphes précédents, les simulations physiques sont généralement effectuées sur des modèles CAO 3D. Et la performance des simulations dépend fortement du nombre d'éléments et de la complexité géométrique présents dans le modèle 3D. Mais le temps de simulation peut augmenter d'un facteur 10 avec le choix d'une plus petite entité géométrique [White *et al.*, 2003].

Jusqu'à présent, les outils existants pour faire de la simulation thermique dynamique de bâtiments ou de quartiers sont tous basés sur des modèles nodaux, ce qui conduit à une simplification excessive des géométries, et est par exemple incompatible avec la simulation de thermographies. Ainsi, la construction d'un modèle 3D pour faire des calculs avec des méthodes d'éléments finis (FEM) est nécessaire [Beckers *et al.*, 2017].

Aujourd'hui, de nombreux programmes de simulation énergétique pour les bâtiments sont confrontés au défi d'utiliser des modèles CAO 3D comme base pour leurs simulations. Cependant, ces modèles 3D, conçus principalement pour des représentations architecturales ou visuelles, ne satisfont pas aux exigences nécessaires pour effectuer une simulation thermique [Maile *et al.*, 2013]. Ces dernières années, des recherches ont été menées pour convertir la géométrie CAO 3D en « géométrie thermique » [Bazjanac *et al.*, 2011, Hitchcock *et al.*, 2011], afin de s'en servir dans des simulations d'efficacité énergétique. Bien que ces modèles fournissent les informations nécessaires pour de nombreux calculs d'efficacité énergétique, la manière dont ils ont été construits ne permet pas d'en tirer le plein potentiel.

Pour obtenir une « géométrie thermique » optimale, différents aspects doivent être regardés simultanément :

- disponibilité des informations géométriques nécessaires pour construire un modèle tridimensionnel de qualité, [Zhu *et al.*, 2018] ;
- disponibilité des informations sémantiques nécessaires ;
- capacité d'exportation dans un code de calcul pour réaliser des simulations physiques.

Pour simuler des transferts de chaleur dans un modèle 3D, il faut connaître pour chaque élément du maillage le volume de l'élément, ses propriétés thermiques, les liens entre les éléments, et leurs surfaces de contact (voir figures 1 et 2).

Figure 2. 19 Rue Vieille Boucherie, Bayonne 11 décembre 2017 (12 h 15) Thermographie intérieure

La méthode des éléments finis (FEM) a été largement utilisée par les ingénieurs pour différents types d'analyse structurelle et physique [Barazzetti *et al.*, 2015]. Cependant, lors de l'évaluation de structures complexes, il est souvent nécessaire de simplifier le modèle et d'éliminer les détails inutiles [Crespi *et al.*, 2015].

4. Différentes stratégies de maillage pour des calculs FEM à l'échelle urbaine

Les codes de calculs FEM actuels acceptent de nombreux types de maillage :

- mixtes ou purs (un maillage mixte comporte différents types d'éléments - tétraèdres, prismes et pyramides, hexaèdres) ;
- structurés ou non (un maillage est dit structuré si le nombre d'éléments partageant un même nœud est constant sur tout le maillage. Il est non structuré dans le cas contraire) ;
- conformes ou non (un maillage est dit non conforme si certains de ses nœuds se trouvent au milieu d'arêtes ou de faces sans être reliés aux autres éléments. Le maillage est conforme seulement si les éléments adjacents partagent un bord complet ou une face complète).

Nous nous sommes intéressés à ces derniers types et avons choisi d'étudier les maillages conformes, qui offrent une plus grande généricité et faciliteront à priori les calculs thermiques. Pour répondre à l'exigence de conformité, il existe deux grandes options : un maillage hexaédrique – réputé demander un nombre d'éléments moindre pour une meilleure qualité du calcul et une visualisation simplifiée, etc. – ou un maillage tétraédrique – réputé pouvant reproduire fidèlement des géométries complexes de façon très automatique. Le choix de l'un ou de l'autre fait l'objet de débats passionnés, aussi nous expliquerons simplement pourquoi la sélection d'un maillage à partir d'éléments quadrilatéraux nous a paru plus pratique pour notre cas d'étude :

- vu la géométrie du bâti, les hexaèdres ont l'avantage de reconstruire avec précision des scènes urbaines en utilisant moins d'éléments, comme l'illustre la figure 3 ;
- le temps de calcul lorsqu'on travaille avec de grands modèles urbains limite la capacité de manipuler le modèle, et le choix des hexaèdres, en limitant le nombre d'éléments, nous paraît pertinent.

Figure 3. La sémantique du modèle est étroitement liée à la morphologie de chaque élément dans un maillage hexaédrique.

5.   Nouveau modèle 3D pour les simulations thermiques à l'échelle urbaine

En prenant en compte que notre objectif est de simuler des scènes urbaines, pour lesquelles nous avons soit trop peu d'informations (le plus souvent), soit trop lorsqu'une campagne de mesures a permis l'acquisition d'un nuage de points à l'échelle urbaine, il est nécessaire de s'assurer que les données disponibles et la complexité géométrique du modèle sont appropriées pour les simulations attendues.

Afin d'éviter les difficultés rencontrées avec des modèles complexes et les incohérences géométriques qui compliquent la conversion entre les modèles existants (CAO 3D) et la géométrie thermique et nécessitent de traiter (réparer, nettoyer et compléter) les modèles disponibles [Rassineux *et al.*, 2016], dans lesquels des erreurs empêchent l'utilisation de certains programmes ou génèrent des écarts qui affectent la précision des résultats, nous choisissons de construire un modèle 3D simple, à partir des données cadastrales et du nuage de points de la scène.

Devant l'importance d'obtenir les informations strictement nécessaires, nous proposons de créer manuellement un nouveau modèle 3D qui corresponde précisément à nos besoins, en construisant un modèle de blocs hexaédriques conformes, « calqués » sur les éléments du bâtiment. Le maillage EF sera directement donné par ce modèle 3D, basé sur une géométrie appropriée sans approximations excessives.

Bien que le passage du nuage de points au modèle simplifié nécessite beaucoup de temps de travail [Thakur *et al.*, 2009], cette méthode nous permet une grande flexibilité lors de la détermination de chacun des éléments, ce qui permet de s'approcher au plus près de la réalité physique des éléments modélisés.

6.   Étude de cas : la rue des Tonneliers à Bayonne

La rue des Tonneliers, dans le Petit Bayonne, quartier ancien de Bayonne, comprend de nombreuses maisons à pans de bois. Les colombages créent des façades très tramées, comme le montrent les photos de la figure 4.

Cette trame ou grille nous donne intuitivement un découpage en éléments surfaciques puis volumiques par extrusion, selon une structure sémantique directement utilisable dans un code FEM.

Par conséquent, nous avons proposé un modèle construit manuellement qui possède les caractéristiques nécessaires pour effectuer des simulations thermiques.

Figure 4. Le colombage des constructions de Bayonne et leurs façades tramées

7. Acquisition des données

Pour cette étude de cas, une campagne d'acquisition de données a été réalisée le 19 octobre 2017 avec un drone Phantom 4 pro (précision estimée 5 cm) et un laser photogrammétrique mobile Pegasus BackPack Leica (précision estimée 3 cm), et nous avons donc pu obtenir un nuage de points, riche de très nombreuses informations. Il faut noter que cela ne reflète pas les conditions habituelles rencontrées en modélisation à l'échelle urbaine.

Les références géométriques utilisées pour notre modèle sont donc le produit de l'information cadastrale, du balayage terrestre, du balayage aérien, de la photogrammétrie et de la prise de mesures sur site. Cela nous a permis de construire un modèle 3D géométriquement précis et sémantiquement riche [Benner *et al.*, 2005].

7.1. Construction du modèle 3D

7.1.1. À l'échelle d'un bâtiment

Nous commençons par modéliser une maison typique, avec des murs, des plafonds et des fenêtres, tous représentés avec leur épaisseur. Nous modélisons sur ArchiCAD, un logiciel BIM. Il nous permet d'importer et/ou d'exporter des modèles dans un code de calcul pour réaliser des simulations physiques [Weise *et al.*, 2009].

Le processus de construction du modèle commence par l'acquisition des 'informations néces-saires (à partir des cartes cadastrales, des LIDAR, des orthophotographies et des mesures sur site), puis par le nettoyage et le post-traitement de celle-ci.

Une fois les informations disponibles, il faut d'abord générer une grille en 2D au sol (voir figure 5-2D), en suivant les étapes suivantes :

- dessiner le polygone correspondant à l'emprise du bâtiment (figure 5-2D-a) ;
- projeter dessus la structure porteuse du rez-de-chaussée du bâtiment (figure 5-2D-b) ;
- « projeter » de la même manière chacune des façades afin de générer une grille sur le polygone d'origine (figure 5-2D-c et d) ; le polygone au sol et la grille projetée en 2D (figure 5-2D-e) vont permettre la mise en place du bâtiment en 3D, en suivant les étapes suivantes :
- créer les premiers polyèdres qui construiront le modèle 3D en procédant à l'extrusion des éléments qui correspondent aux murs de périmètre du bâtiment (figure 3-3D-a) ;
- construire de même le modèle de bas en haut, en empilant les « briques » tout en maintenant la conformité (figure 5-3D-b à d) ;
- créer les polygones qui composent le toit à partir de la même projection que les polygones du sol (figure 5-3D-e).

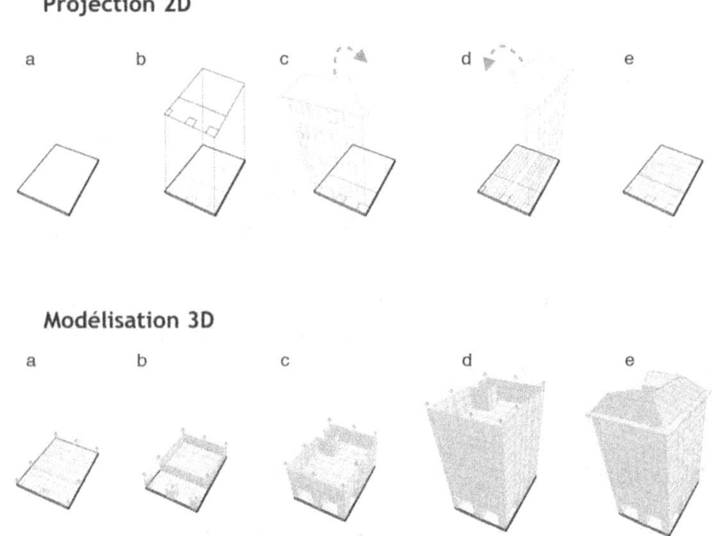

Figure 5. Processus de génération du modèle 3D d'un bâtiment

Le résultat est un modèle géométrique-sémantique cohérent, construit à partir d'hexaèdres, qui reproduit de façon schématique mais réelle la structure (poutres et poteaux), ses joints et tous les éléments qui composent les murs, qu'il s'agisse de maçonnerie, de fenêtres ou d'autres éléments.

Pour le 13 rue des Tonneliers (bâtiment qui fait l'angle avec la rue Pontrique et a donc deux façades vues comme schématisé sur la figure 6), le modèle est composé de 5 729 éléments. Un opérateur expérimenté réalise ce maillage en 1 h 30 environ. Chaque élément peut avoir ses propres propriétés et caractéristiques. La richesse sémantique du modèle nous permet d'identifier la fonction et la localisation de chaque élément [Garcia-Nevado *et al.*, 2017].

Figure 6. Le 13 rue des Tonneliers et son modèle comportant 5 729 éléments

7.1.2. À l'échelle de la rue

Dans une scène urbaine, l'implantation d'un bâtiment est toujours plus ou moins liée à d'autres implantations, de sorte que la juxtaposition des modèles de chaque bâtiment n'est pas automatiquement correcte quant à la conformité du maillage. Il est donc nécessaire de créer des éléments (polyèdres) de connexion entre un bâtiment et un autre pour maintenir la conformité (figure 7).

Il est donc important de prêter attention aux hauteurs relatives entre les bâtiments qui composent la scène et à leurs relations géométriques. À mesure que le modèle s'agrandit, la complexité de certaines relations augmente.

8. Discussion

La Rue des Tonneliers du Petit Bayonne, objet du modèle ici présenté, forme un ensemble typique de bâtiments remontant, pour les plus anciens, au XVIIe siècle. Leurs façades à pans de bois ont suggéré un maillage cohérent qui est naturellement conforme, à quelques corrections mineures près. Par conséquent, il est possible d'obtenir une représentation précise de la réalité sans simplifications excessives, avec un nombre raisonnable d'éléments (tableau 1).

Tableau 1. Caractéristiques du modèle de la rue des Tonneliers

Rue des Tonneliers		
Éléments de volume # hexaèdres	Éléments de surface # quadrilatères	Nombre de bâtiments
~ 150 000	~ 30 000	25

Figure 7. La rue des Tonneliers et son modèle géométrique conforme
(Image issue du livre *Bayonne, Ville d'art et d'histoire.* Éditions KOEGUI)

La façon dont le modèle est construit permet plusieurs analyses physiques.

Il permet l'analyse de l'éclairage, naturel et artificiel. Le modèle différencie les parties en bois et en plâtre des façades, ce qui permet de leur attribuer un coefficient de réflexion approprié : selon nos mesures, ≈ 0.35 pour le bois et ≈ 0.69 pour le plâtre.

Le modèle permet également de réaliser une analyse acoustique urbaine. La simulation à hautes fréquences étant basée sur du lancer de rayons ou sur des techniques analogues, comme pour la lumière, il suffit de substituer les coefficients de réflexion lumineuse par des coefficients acoustiques.

Il est également possible d'effectuer une analyse thermique, où les trois mécanismes de transfert de chaleur sont pris en compte [Beckers *et al.*, 2017].

La conduction affecte les éléments de volume. Pour la calculer, il est nécessaire de donner des valeurs de conductivité et de capacité thermique à ces éléments. La conformité requise par un modèle FEM facilite le calcul de la conduction thermique entre les éléments du modèle.

La convection est incluse dans le modèle au moyen d'un coefficient h (extérieur et intérieur) et agit sur les surfaces du modèle. (Figure 8)

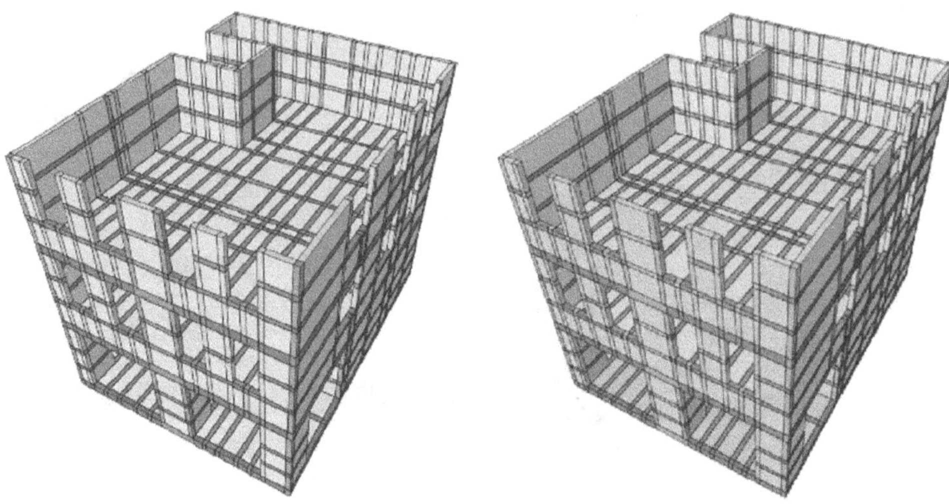

Figure 8. Éléments de volume affectés (conduction)　　　　Éléments de surface affectés (rayonnement)

Le rayonnement en ondes courtes (< 4 µ) est pris en compte par un coefficient de réflexion similaire à celui utilisé pour la lumière visible, alors que le rayonnement en ondes longues (> 4 µ) nécessite de spécifier l'émissivité des surfaces.

Une analyse de l'aéraulique (CFD) est également envisageable, puisque nous partageons la même philosophie du maillage par hexaèdres [Blocken 2015].

Le modèle a été construit dans ArchiCAD, un logiciel BIM. Il y a deux avantages principaux du BIM par rapport aux autres logiciels de modélisation 3D ou de CAO.

Il permet la construction directe d'un maillage conforme par des éléments hexaèdres qui représentent des éléments réels de la construction (Le modèle CAO s'identifie au maillage), ainsi que la possibilité d'inclure des informations supplémentaires en plus de la géométrie et d'établir des relations entre les éléments qui composent le modèle.

Ce travail a été réalisé en vue d'une simulation thermique par éléments finis (sa conformité et ses caractéristiques sémantiques permettent un bon format d'échange entre BIM et FEM), mais, comme on vient de le voir, il est bien adapté pour d'autres analyses physiques.

Conclusions

Un nouveau modèle de bâtiment 3D destiné à la simulation thermique par FEM a été présenté. La possibilité de générer un modèle 3D dont les éléments sont directement enrichis de leurs différentes caractéristiques (matériaux, dimensions, etc.) a été discutée. Il a la capacité de reproduire une réalité spatio-sémantique [Stadler *et al.*, 2007], de sorte qu'une logique constructive est représentée, bien que simplifiée. Par conséquent, cela en fait un bon choix en tant que référence *ground truth* pour un modèle 3D de ville.

Pour le faire, certaines lignes directrices ont été établies pour guider la construction du modèle. Le modèle devrait être construit par un maillage conforme. Nous avons donc décidé de le construire en utilisant un maillage d'hexaèdres conformes. Cette approche nécessite certaines abstractions qui ont été faites manuellement. Ce modèle montre une certaine complexité, conservant une richesse géométrique et sémantique. Donc, il pourrait être considéré comme spatio-sémantiquement cohérent.

Nous ne prétendons pas pouvoir représenter une scène urbaine de manière exacte, mais nous cherchons à reconstruire une approche qui nous permette de travailler avec la scène urbaine.

Remerciements

Nous voudrions remercier la ville de Bayonne, qui nous a fourni l'information cadastrale pour le référencement du modèle et a autorisé la campagne de mesures. Nous remercions Christophe Bagieu, professeur au lycée Cantau, tous ses élèves en classe de BTS Topographie et tous ses collaborateurs qui ont acquis, assemblé et traité l'information pour construire les nuages de points. Nous tenons aussi à remercier Jean-Nicolas Deurveilher de LEICA pour toutes les données acquises et partagées. Cette campagne de mesure nous a permis d'avoir toutes les informations nécessaires à la construction d'un modèle répondant aux besoins de notre recherche. Un remerciement particulier à Elena García-Nevado qui, en plus de la construction d'une première étude de cas de la Rue des Tonneliers (Bayonne), a produit la série de thermographies utilisée dans ce document.

Références bibliographiques

Aliaga, D. Chapter 9, Geometrical Models of the City, *Solar Energy at Urban Scale*, ISTE Ltd., 2013, pp. 191–203.

Barazzetti, L. *et al.* Cloud-to-BIM-to-FEM: Structural simulation with accurate historic BIM from laser scans. *Simulation Modelling Practice and Theory* 57, 2015, pp. 71–87.

Bazjanac, V., Maile, T., Rose, C. et James, T. O. D. An assessment of the use of building energy performance simulation in early design. *Proceedings of the 12th Conference of International Building Performance Simulation Association,* 2011, pp. 14–16.

Beckers, B., Aguerre, J. P., Besuievksy, G., Fernández, E., Garcia-Nevado, E., La Borderie, C., Nahon, R., Visualizing the infrared response of an urban canyon throughout a sunny day. In *World Renewable Energy Congress and Network Forum 4,* 2017.

Benner, J., Geiger, A. et Leinemann, K. Flexible Generation of Semantic 3D Building Models. *Workshop on Next Generation 3D City Models* 49, 2005, pp. 17–22.

Besuievksy, G., Beckers, B. et Patow, G. Skyline-control Based LoD Generation for Solar Analysis in 3D Cities. In *International Conference on Urban Physics,* 2016, pp. 32–44.

Biljecki, F., Heuvelink, G. B. M., Ledoux, H. et Stoter, J. The effect of acquisition error and level of detail on the accuracy of spatial analyses. *Cartography and Geographic Information Science* 45, 2017, pp. 1–21.

Blocken, B. Computational Fluid Dynamics for urban physics: Importance, scales, possibilities, limitations and ten tips and tricks towards accurate and reliable simulations. *Building and Environment* 91, 2015, pp. 219–245.

Cignoni, P., Montani, C. et Scopigno, R. A comparison of mesh simplification algorithms. *Computers and Graphics (Pergamon)* 22, 1998, pp. 37–54.

Clark, J. H. Hierarchical geometric models for visible surface algorithms. *Communications of the ACM* 19, 1976, pp. 547–554.

Crespi, P., Franchi, A., Ronca, P., Giordano, N., Scamardo, M., Gusmeroli, G., Schiantarelli, G. *et al.* From BIM to FEM: the analysis of an historical masonry building. *WIT Transaction on The Built Environment* 149, 2015, pp. 581–592.

Duplantier, D., *Bayonne, Ville d'art et d'histoire* (Éditions koegui, 2012).

Garcia-Nevado, E., Beckers, B. et Coch, H. Characterization of façade fenestration for energy studies within the 'eixample' urban tissue of Barcelona. *Energy Procedia* 122, 2017, pp. 397–402.

Gröger, G. et Plümer, L. CityGML - Interoperable semantic 3D city models. *ISPRS Journal of Photogrammetry and Remote Sensing* 71, 2012, pp. 12–33.

Hitchcock, R. J. et Wong, J. Transforming IFC Architectural View BIMS for Energy Simulation: 2011. *Proceedings of Building Simulation 2011: 12th Conference of International Building Performance Simulation Association*, 2011, pp. 1089–1095.

Kolbe, T. H. Representing and Exchanging 3D City Models with CityGML. *3D Geo-Information Sciences*, 2009, pp. 15–31.

Luebke, D., Reddy, M., Cohen, J. D., Varshney, A., Watson, B., Huebner, R., *Level of Detail for 3D graphics*. (Morgan Kaufmann Publishers, 2003).

Maile, T., O'Donnell, J., Bazjanac, V. et Rose, C. BIM - Geometry modelling guidelines for building energy performance simulation. in *13th Conference of the International Building Performance Simulation Association*, 2013, pp. 3242–3249.

Prévot, A., Rodriguez, D., Molines, N. et Beckers, B. La modélisation 3D : une nouvelle voie pour les documents d'urbanisme ? Application à l'optimisation énergétique des bâtiments. *Revue internationale de géomatique* 21, 2011, pp. 557–583.

Rassineux, A. et Beckers, B. A robust smoothed voxel representation for the generation of finite element models for computational urban physics. in *International Conference on Urban Physics*, 2016, pp. 249–259.

Senave, M. et Boeykens, S. Link between BIM and energy simulation. Building Information Modelling (BIM) in *Design, Construction and Operations* 149, 2015, pp. 341–352.

Stadler, A. et Kolbe, T. H. Spatio-semantic coherence in the integration of 3D city models. *Proceedings of the 5th International ISPRS Symposium on Spatial Data Quality ISSDQ 2007* in Enschede, The Netherlands, 13-15 June 2007, 2007, pp. 13–15.

Sutherland, I. E. Sketchpad: A man-machine graphical communication system. *AFIPS Conference Proceedings* 23,, 1968, pp. 323–328.

Thakur, A., Banerjee, A. G. et Gupta, S. K. A survey of CAD model simplification techniques for physics-based simulation applications. *CAD Computer Aided Design* 41,, 2009, pp. 65–80.

Weise, M., Liebich, T., See, R., Bazjanac, V. et Laine, T. Space Boundaries for thermal analysis. 68 p., 2009.

White, D. R., Saigal, S. et Owen, S. J. Meshing complexity of single part CAD models. *Proceedings of the 12th International Meshing Roundtable* 2003, pp. 121–134.

Zhu, Q., Hu, M., Zhang, Y. et Du, Z. Research and Practice in Three-Dimensional City Modeling. *Geo-spatial Information Science* 5020, 2018.

CHAPITRE 7

Méthodologie de développement informatique pour rendre le BIM accessible aux entreprises du bâtiment

Cas des entreprises de plâtrerie

Karim Boureguig[1], Nader Boutros[2]
[1] BIM Cloisons
[2] PASS Technologie, ENSA Paris Val de Seine, laboratoire EVCAU
e-mails : k.boureguig@bim-cloisons.fr[1] – nader.boutros@pass-tech.fr[2]

Abstract

BIM is a great process that improves the constructability as well as the exchanges between the different actors of a project, but whose main difficulty still lies in tools appropriation. To make it more accessible to construction companies and especially during the execution phase, PASS Technologie, in conjunction with BIM Cloisons, bring together some keys by developing tools and turnkey business solutions, which aim to simplify access to digital building tools and improve the production of digital models and their deliverables.

Keywords

IT development methodology, business standards, data structuring, Autodesk Revit API, IFC, PP BIM.

Résumé

Le BIM est un formidable processus qui permet d'améliorer la constructibilité ainsi que les échanges entre les différents acteurs d'un projet dont la principale difficulté réside encore dans l'appropriation des outils. Pour le rendre davantage accessible aux entreprises et notamment lors de la phase exécution, PASS Technologie, conjointement avec BIM Cloisons, apporte quelques clés en développant des outils et des solutions métier clés en main, qui ont pour objectifs de simplifier l'accès aux outils et d'améliorer la production des maquettes numériques et de leurs livrables.

Mots-clés

Méthodologie de développement informatique, référentiels métiers, structuration des données, API Autodesk Revit, IFC, PP BIM.

Préambule

Cet article présente l'approche conjointe de PASS Technologie et BIM Cloisons afin d'apporter une contribution aux efforts de démocratisation des processus BIM auprès des entreprises du bâtiment. Il aborde plus spécialement le cas des entreprises de plâtrerie.

1.   Constats

1.1.   Besoins métier

À ce jour, une grande majorité des entreprises de plâtrerie (près de 35 000 entreprises en France) réalisent leurs études de façon traditionnelle, puisqu'il n'existait aucun outil spécifique dédié à la profession avant l'arrivée de la solution BIM Cloisons au début de l'année 2017.

NB

BIM Cloisons a été lauréat de la catégorie « Démarche pionnière et innovante » lors des BIM d'Or 2017.

1.2.   Méthode traditionnelle

Les méthodes traditionnelles actuelles sont plutôt sommaires et fastidieuses, faute d'outils adaptés.

À ce jour, la plupart des PME de cloisons réalisent encore leurs études et leurs plans au kutch et aux feutres. Elles utilisent ensuite de multiples tableaux Excel pour calculer les besoins du chantier (métrés, quantitatifs matériaux, budgets, estimation des temps d'intervention). Il sera ensuite bien difficile de tenir à jour tous ces tableaux et plans lors de l'évolution du chantier et des nombreuses modifications qui y sont liées.

Lorsque la phase étude des plans et métrés est terminée, l'entreprise réalise son devis et les autres documents commerciaux, la plupart du temps dans un logiciel de gestion « généraliste ».

La problématique de cette méthode réside dans le fait que ces étapes supplémentaires nécessitent bien souvent de ressaisir manuellement toutes les informations dans le logiciel de gestion.

Ce mode de gestion est non seulement très lourd et fastidieux, mais il est aussi générateur d'erreurs et contreproductif, de par la redondance des tâches.

Les autres entreprises de cloisons, un peu plus importantes en taille et un peu plus structurées, se débrouillent, quant à elles, comme elles le peuvent dans la jungle des outils numériques et des logiciels (AutoCAD, logiciels de métrés, logiciels de maquette numérique BIM, etc.), dont l'utilisation est souvent complexe et pas vraiment adaptée à la profession et aux besoins spécifiques du métier.

1.3. Méthode BIM « artisanale »

Le processus BIM, créé par BIM Cloisons dans sa première version en 2017, est essentiellement basé sur l'association de différents logiciels et plugins, leur installation et paramétrage, ainsi que la formation et l'assistance associée.

La vocation première de ces outils a souvent été détournée pour les adapter aux besoins spécifiques du métier de plaquiste.

Pour ce développement, BIM Cloisons s'est tout d'abord appuyé sur un ERP personnalisé et spécifique au métier de plâtrier, qui avait été développé par son dirigeant lorsqu'il était entrepreneur plaquiste pour les besoins internes de son entreprise.

Cet ERP personnalisé permettait de gérer et piloter l'ensemble de l'activité de l'entreprise (comptabilité simplifiée, gestion des devis, factures, achat de matières premières, suivi de chantier, tableaux de bord, etc.).

Dans cet ERP qui a servi d'outil de base à la création du processus BIM Cloisons, il a fallu créer une bibliothèque d'ouvrages très détaillée, puisqu'elle contient près de 10 000 références de systèmes de cloisons, contre-cloisons et faux plafonds.

Chaque système est agrémenté de 150 données de tous types (fiche technique, référence PV feu, acoustique, poids, matériaux constituant l'ouvrage, et aussi des données propres à l'entreprise : prix des matériaux, prix de pose, temps de pose, etc).

Il a fallu ensuite créer des fichiers Revit classés par famille de murs, de façon identique à ce qui existait dans l'ERP, et dans lesquels il a fallu recréer graphiquement tous les murs présents dans la bibliothèque.

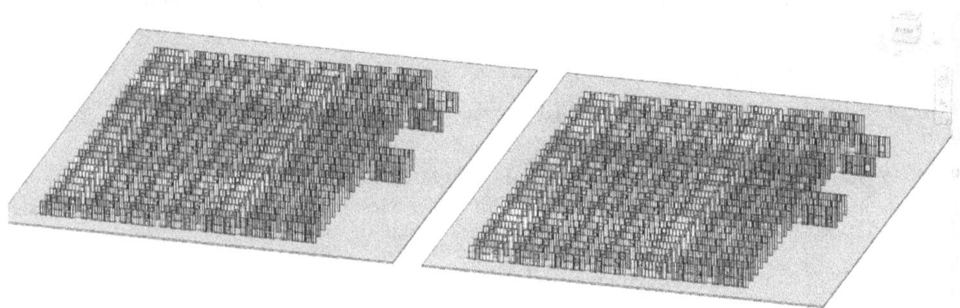

Figure 1. Instances des types de murs modélisés

Ensuite, il a fallu créer des paramètres partagés et les intégrer dans les fichiers Revit qui, là encore, sont identiques aux données contenues dans les ouvrages de l'ERP.

L'étape suivante a consisté à créer des passerelles permettant d'importer et d'associer toutes les données contenues dans les ouvrages de l'ERP directement dans les fichiers Revit.

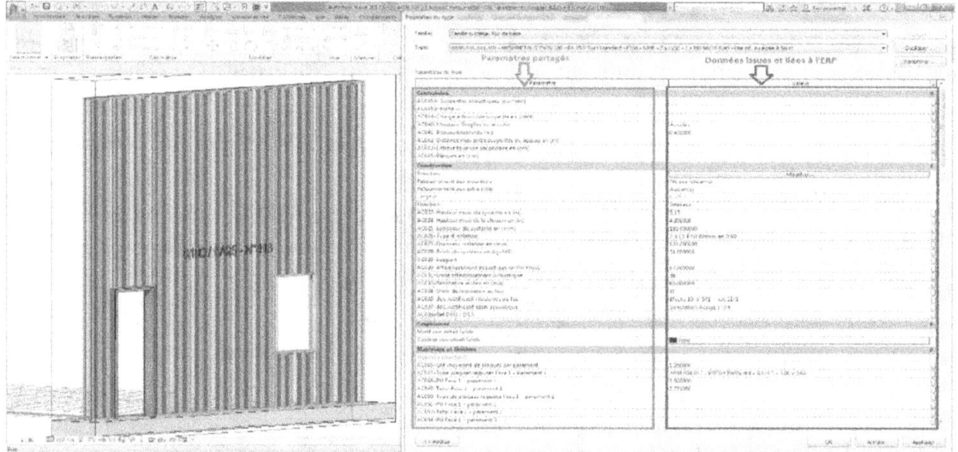

Figure 2. Association des données de l'ERP aux types de murs dans Revit

L'avantage de ce principe réside dans sa capacité de gérer les éventuelles mises à jour des systèmes, puisqu'il suffit de modifier les ouvrages dans l'ERP et de les importer à nouveau dans Revit, pour que les changements soient effectifs et que les données des objets Revit soient mises à jour.

De même, cela permet de disposer des ouvrages BIM particulièrement enrichis de toutes les données nécessaires, pour lesquelles il sera ensuite possible d'extraire toutes sortes d'analyses via les nomenclatures du logiciel.

L'étape suivante consistait à programmer des règles très précises pour permettre au logiciel de créer automatiquement les ossatures associées à chaque type de mur.

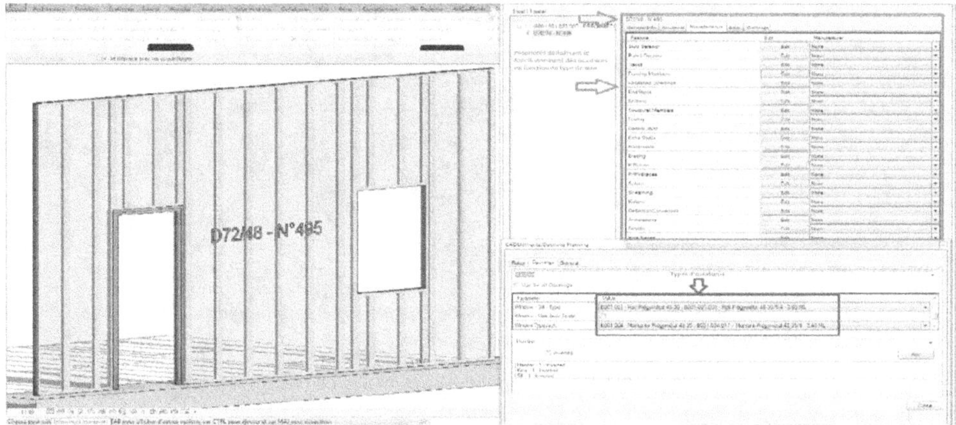

Figure 3. Paramétrage des ossatures

L'avantage certain de cette solution réside dans le fait de modéliser une cloison et de lancer la fonction, pour que le logiciel reconnaisse l'ossature associée à ce type de cloison et la modélise automatiquement et précisément en fonction des règles renseignées préalablement.

Figure 4. Vue 3D sur un modèle généré d'ossatures

Il est assez aisé ensuite de quantifier dans les nomenclatures du logiciel les besoins en ossatures sans aucune ressaisie et avec une précision extrême.

Il est également possible de générer directement depuis le logiciel de maquette numérique des commandes fournisseurs, devis, estimations de temps et tout autre document nécessaire à la bonne gestion du chantier.

PPG001 - B	PPG002 - Niv	PPG003 - Zo	PPOss 002 - Libellé	Longueur	UT	Nb de pce	U.C.	Nb de pqt	Nb de palettes
			«03.04 - Qté Montants cloisons détaillées par Zones»						
Principal	N05	Zone 1.1	Montant Prégymétal 48-35/6 - 3.40 ML	225.99	ML	89.41	Pièce	6.941	0.165
Principal	N05	Zone 1.1	Montant Prégymétal 62-35/5 Xtra - 3.40 ML	481.62	ML	136.77	Pièce	13.677	0.323
Principal	N05	Zone 1.1	Montant Prégymétal 62-35/6 - 3.40 ML	1300.61	ML	382.36	Pièce	38.236	0.910
Principal	N05	Zone 1.1	Montant Prégymétal 100-50/6 - 3.40 ML	22.45	ML	6.60	Pièce	0.660	0.041
Zone 1.1: 722				2020.06		594.14		59.414	1.440
Principal	N05	Zone 1.2	Montant Prégymétal 48-35/6 - 3.40 ML	229.43	ML	67.48	Pièce	6.748	0.161
Principal	N05	Zone 1.2	Montant Prégymétal 48-35/6 - 4.00 ML	14.51	ML	3.63	Pièce	0.363	0.008
Principal	N05	Zone 1.2	Montant Prégymétal 62-35/5 Xtra - 3.40 ML	415.08	ML	122.06	Pièce	12.208	0.291
Principal	N05	Zone 1.2	Montant Prégymétal 62-35/5 Xtra - 4.00 ML	109.67	ML	27.27	Pièce	2.727	0.066
Principal	N05	Zone 1.2	Montant Prégymétal 62-35/6 - 4.00 ML	156.32	ML	39.06	Pièce	3.908	0.093
Principal	N05	Zone 1.2	Montant Prégymétal 62-35/6 - 3.40 ML	1206.56	ML	354.86	Pièce	35.486	0.845
Principal	N05	Zone 1.2	Montant Prégymétal 100-50/6 - 4.00 ML	32.26	ML	8.96	Pièce	0.896	0.050
Zone 1.2: 730				2163.16		623.45		62.345	1.511
Principal	N05	Zone 1.3 + 1	Montant Prégymétal 48-35/6 - 3.40 ML	186.33	ML	54.51	Pièce	5.451	0.130
Principal	N05	Zone 1.3 + 1	Montant Prégymétal 62-35/5 Xtra - 3.40 ML	101.42	ML	29.83	Pièce	2.983	0.071
Principal	N05	Zone 1.3 + 1	Montant Prégymétal 62-35/6 - 3.40 ML	703.13	ML	206.80	Pièce	20.680	0.492
Principal	N05	Zone 1.3 + 1	Montant Prégymétal 100-50/6 - 3.40 ML	19.97	ML	5.87	Pièce	0.587	0.037
Zone 1.3 + 1.4: 364				1009.85		297.02		29.702	0.730
Principal	N05	Zone 2	Montant Prégymétal 48-35/6 - 3.40 ML	13.24	ML	3.89	Pièce	0.389	0.009
Principal	N05	Zone 2	Montant Prégymétal 62-35/6 - 3.40 ML	43.48	ML	12.79	Pièce	1.279	0.030
Principal	N05	Zone 2	Montant Prégymétal 100-50/6 - 3.40 ML	102.46	ML	30.13	Pièce	3.013	0.188
Zone 2: 56				154.17		46.81		4.681	0.226

Figure 5. Exemple de nomenclature de quantités pré-paramétrées

Ensuite, pour classifier et retrouver facilement tous ces murs et toutes ces nomenclatures, il a été fait appel à deux plugins.

Le premier joue le rôle de configurateur, et permet de retrouver et de charger rapidement et facilement, dans la bibliothèque de types de chaque projet, les murs utiles selon des groupes, familles et sous-familles.

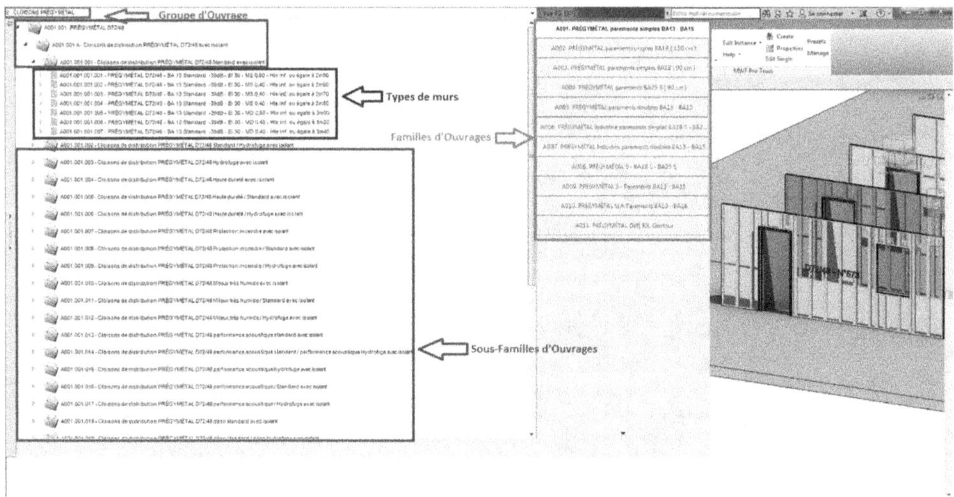

Figure 6. Plugin de navigation dans l'arborescence des types de murs

Le second permet de créer des dossiers et sous-dossiers dans l'arborescence et les nomenclatures Revit, ce qui est très pratique lorsque nous avons un nombre très important de documents à classer.

Enfin, un gabarit entreprise a été créé. Il intègre bien entendu tous les processus listés ci-dessus et contient également cartouches, légendes, feuilles, vues pré-cadrées, et plus d'une centaine de tableaux d'analyses via les nomenclatures, et donc, d'une manière générale, tout ce qui peut permettre de simplifier, d'automatiser les tâches et d'améliorer la rapidité de modélisation et d'analyse.

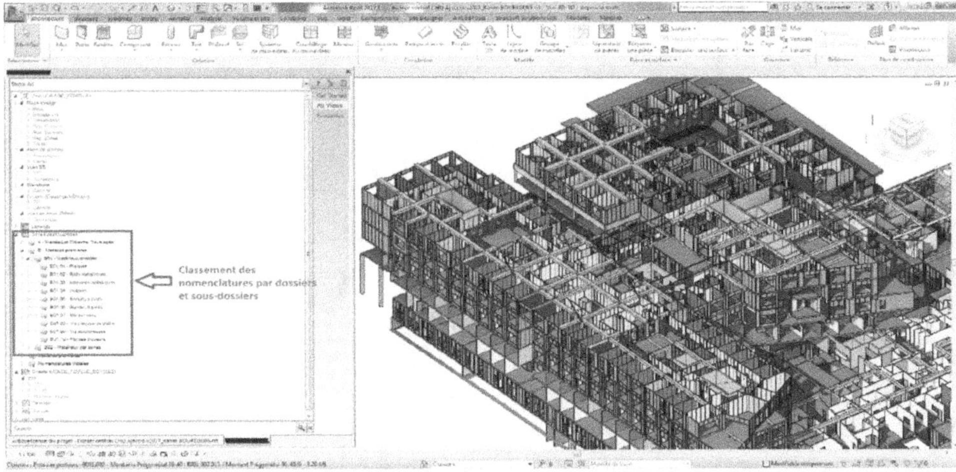

Figure 7. Plugin de classification des nomenclatures (déjà intégré dans la version 2018 de Revit)

1.4. Inconvénients et contraintes de déploiement

Quand bien même la première version développée par BIM Cloisons a donné entière satisfaction et a considérablement amélioré les processus des entreprises de cloisons, notamment en leur facilitant l'accès au BIM et en déployant la première vraie solution métier BIM, il n'en demeure pas moins que certaines limitations ont amené à s'interroger sur l'évolution de la solution.

Force est de constater que la combinaison de différents plugins et logiciels peut, à terme, s'avérer lourde en gestion, et notamment en raison des changements de versions annuelles proposées par les différents éditeurs de logiciels.

De même, il s'avère assez difficile de faire évoluer et de personnaliser ces plugins au-delà de ce qui a déjà été fait par BIM Cloisons.

Parmi les principales difficultés rencontrées et pour lesquelles il n'est pas possible d'envisager des améliorations directement dans les plugins concernés :

1. lourdeur du processus de déploiement, et celui de création et de modification des arborescences ;
2. typologies d'arborescences limitées : pas de filtre sur les valeurs d'un paramètre par exemple ;
3. performances aléatoires sur un grand nombre d'objets (actuellement 8 000, l'objectif à atteindre étant de 40 000 types) ;
4. bugs d'affichage ;
5. recherche limitée sur le nom ;
6. problème de stabilité (le numéro de licence bugue régulièrement) ;
7. feu de supports pour faire évoluer et/ou personnaliser les produits.

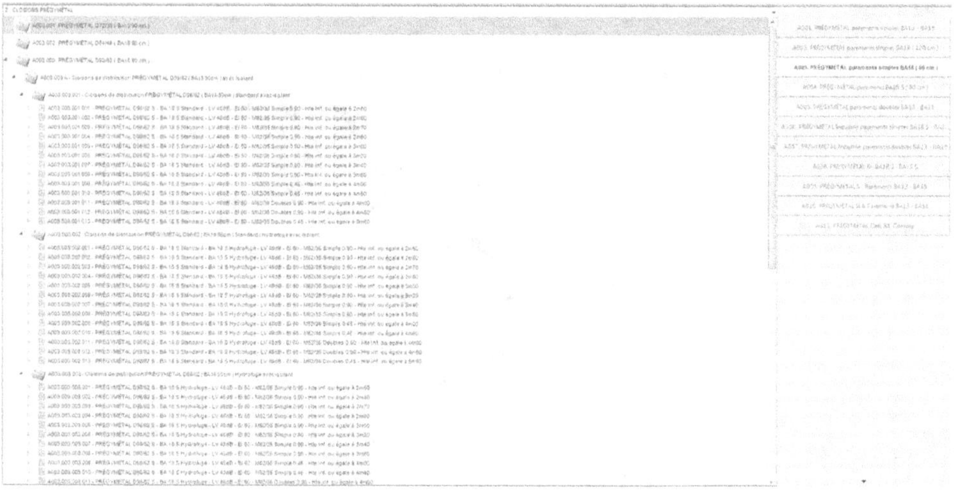

Figure 8. Interface actuelle du plugin sélecteur

Points forts :

– fonctionnalité novatrice ;

– permet une insertion dynamique des objets dans la maquette sans avoir à télécharger les objets, car ils sont tous fournis sous forme de collections de fichiers natifs contenant l'ensemble des types ;

– les objets sont classés et organisés par groupes, familles et sous-familles.

Points faibles :

– nécessite de bien connaître l'organisation de la bibliothèque et d'avoir une connaissance métier pointue pour trouver les bons objets ;

– interface peu conviviale ;

– limitation du nombre d'objets ;

– plugin externe, donc pas d'évolution possible ;

2. Positionnement par rapport aux démarches similaires

Nous avons souhaité mettre en place une démarche entièrement tournée vers les besoins de l'utilisateur final.

L'idée principale des outils développés est de permettre à l'utilisateur une prise en main aisée et de pouvoir produire ses maquettes et ses livrables rapidement.

C'est pourquoi nous avons privilégié le développement d'un configurateur entièrement intégré dans Revit pour permettre à l'utilisateur d'avoir un accès instantané aux différents objets de la bibliothèque, sans aucun téléchargement externe ni aucune nécessité de gérer des bibliothèques en dehors du logiciel, ce qui est toujours long et fastidieux.

Nous avons également fait le choix de décliner à terme la quasi-totalité des systèmes potentiellement existants, même si cela génère un nombre très important de références.

En effet, nous avons pu constater, par le biais du bureau d'étude BIM Cloisons et également par les témoignages clients, que la principale perte de temps, lors de l'élaboration des maquettes pour les entreprises de cloisons réside dans la nécessité de créer de nouveaux objets et de leur associer les nombreuses données correspondantes.

Notre objectif est ainsi, à terme, de fournir la quasi-intégralité des systèmes potentiellement existants, même si cela génère énormément de références. Cette solution a été privilégiée et mise en place grâce à une gestion et une structuration efficaces des données.

D'autres configurateurs destinés aux entreprises de cloisons commencent à voir le jour. Ces configurateurs ne sont pas orientés vers des solutions intégrées dans un logiciel de production, mais plutôt basés sur différents modules et différentes fonctionnalités :

- l'utilisateur doit tout d'abord configurer un à un les systèmes dont il a besoin pour son projet sur le site du fabricant ;
- un choix d'objet répondant aux critères (choix actuellement limité à quelques centaines de références) lui est proposé, dans la mesure où le système existe, bien entendu ; sinon, l'utilisateur devra lui-même créer son système et y associer les données et documents ;
- ensuite, l'utilisateur télécharge les objets un à un et les enregistre dans des dossiers qu'il aura préalablement créés ;
- il doit ensuite retourner dans son logiciel de production et y insérer à nouveau un à un les objets qu'il aura préalablement enregistrés dans ses dossiers.

À ce stade, la méthode est déjà très lourde pour l'utilisateur, puisqu'il aura passé beaucoup de temps pour simplement intégrer dans son logiciel de production les objets dont il a besoin pour réaliser sa maquette.

Ensuite, la qualité des objets et des données associées ne permet pas de pouvoir réaliser une maquette d'exécution allant jusqu'au DOE numérique, surtout quand la maîtrise d'ouvrage exige la modélisation détaillée de tous les objets dans la maquette :

- la structure des objets est souvent incomplète, notamment pour les matériaux (pas d'enduits, pas de vis, pas d'accessoires, et certains matériaux ne sont pas identifiés, notamment les isolants) ;
- les matériaux ne tiennent pas compte de la hauteur de construction propre à l'objet (exemple : le parement de la cloison est en BA25 ; cette information est certes bien présente, mais elle ne détermine pas la hauteur de la plaque nécessaire qui sera utilisée sur le chantier). Ainsi, la référence exacte du produit utilisé sur site n'est pas connue ;
- les ratios de matériaux au m² d'ouvrages ne sont pas renseignés, et ne permettent donc pas d'automatiser la création de nomenclatures pour pouvoir extraire des commandes matériaux précises ;
- aucunes données entreprise ni processus permettant de le faire ne sont intégrés dans les objets. Ce manque nécessite que l'utilisateur doit lui-même associer à chaque objet ses propres données (temps de mise en œuvre, prix des matériaux, prix des sous-traitants, etc.), ce qui représente un travail colossal ;
- Les liens URL associés dans les différentes propriétés des objets et matériaux renvoient la plupart du temps sur des pages d'informations générales sur le site du fabricant, mais pas sur l'objet ni les matériaux concernés. Il n'existe donc pas de possibilité de générer un DOE numérique à partir de la maquette, sauf à reprendre un à un les objets utilisés et à associer les URL spécifiques à chacun des matériaux.

D'une manière générale, nous pouvons constater que les outils proposés ne tiennent pas vraiment compte des contraintes des utilisateurs finaux que sont les entreprises de cloisons dans notre cas d'étude.

La double activité de BIM Cloisons (bureau d'étude et concepteur d'une collection d'outils métier) permet de réaliser très régulièrement et de façon très pertinente des audits et des critiques sur les solutions développées et sur leur utilisation.

L'objectif de BIM Cloisons étant d'apporter continuellement un service optimal et personnalisé à ses clients, il apparaît comme une évidence qu'il est nécessaire de déployer une nouvelle stratégie de développement pour répondre à ces problématiques.

3. Conception d'un plugin

Dans le contexte de cette expérimentation, nous avons exploré le potentiel d'une convergence entre informatique documentaire et besoins métiers.

L'informatique documentaire s'intéresse au document ou à la ressource comme grain de base de la recherche et de l'identification des objets.

C'est dans cet esprit que BIM Cloisons a sollicité la société PASS Technologie, afin de mutualiser leurs compétences pour une exploration en recherche et développement sur un nouvel outil *from scratch* encore plus performant et conçu avec l'utilisateur métier au centre de la réflexion.

3.1. Briques essentielles

3.1.1. La gestion des données

Une gestion particulièrement pointue des données est essentielle et conditionne en grande partie la valeur ajoutée d'un logiciel métier.

En effet, ces données, correctement structurées, vont permettre de rendre les objets encore plus intelligents et de réaliser beaucoup de filtres et de tris. Ainsi, les utilisateurs pourront plus aisément accéder aux différents objets, et donc avoir une prise en main simplifiée de l'outil.

3.1.2. La combinaison des données fabricants et des données entreprises

Pour permettre à la base de données qui alimente la solution métier de simplifier et d'optimiser l'utilisation des logiciels BIM, il est très important de pouvoir associer de façon pertinente les données issues des fabricants (données techniques et documents associés) avec les données propres à l'entreprise (prix d'achat matériaux, temps de pose, etc.).

C'est l'association de toutes ces données qui permettra ensuite de pouvoir extraire les données de la maquette numérique pour créer facilement et rapidement tous les documents de quantités et d'estimation des prix nécessaires à la bonne gestion du projet.

3.2.   Agencement d'interface

Pour que l'outil soit agréable à utiliser (car n'oublions pas que les utilisateurs vont travailler avec cet outil très régulièrement), il est indispensable que l'interface graphique soit ludique, visuellement agréable, simple à comprendre et facile à prendre en main.

C'est pourquoi PASS Technologie et BIM Cloisons ont pris en compte cet aspect particulièrement important dans leur nouveau développement.

Pour permettre une évolution progressive et constante de la solution, PASS Technologie et BIM Cloisons ont rédigé un cahier des charges pour décrire les différentes phases du projet de développement autour d'un prototype d'interface.

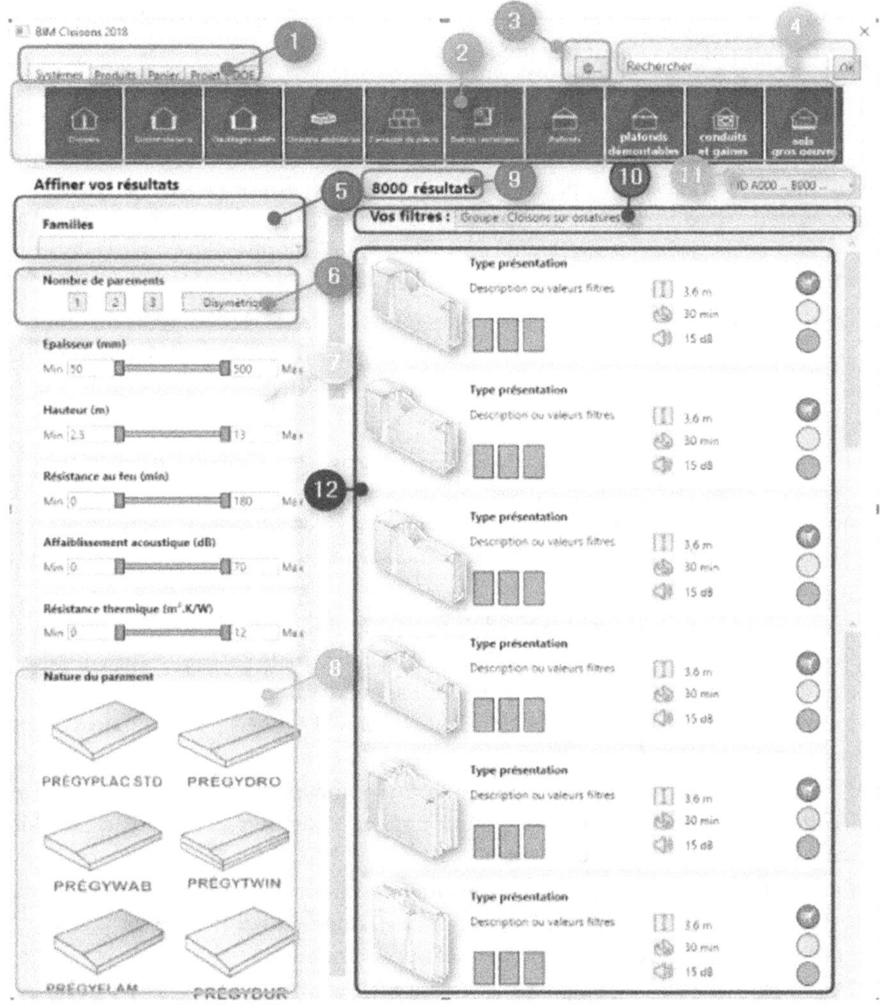

Figure 9. Extrait du cahier des charges : proposition d'interface graphique : *1- onglets, 2- groupes de cloisons, 3- à propos…, 4- recherche plein texte, 5- filtre sur les familles de cloisons, 6- filtre sur le nombre de parements par système, 7- filtres numériques, 8- filtre sur la nature du parement, 9- nombre des résultats, 10- suppression des filtres sélectionnés, 11- tri ascendant ou descendant sur le titre, l'identifiant, la hauteur, 12- liste des résultats*

Points forts :

- interface plus moderne et adaptée à l'utilisateur final ;
- utilisation simplifiée par les filtres ;
- un vrai configurateur intelligent ;
- modules évolutifs ;
- maintenance applicative maîtrisée.

3.3.   Découpage en plugins

L'application est composée de deux plugins principaux et un complémentaire :

1. le plugin d'administration, qui donne à BIM Cloisons les moyens d'analyser les sources de données préparées par elle (Fichiers Excel et Revit) afin d'alimenter une base de données documentaire ;

2. le plugin utilisateur final, qui donne le moyen graphique et interactif d'utiliser cette base de données afin d'explorer par la navigation, la recherche et les filtres les différents types de systèmes et de produits. L'interface utilisateur donne accès à la création dynamique du type de mur multicouches sélectionné et de renseigner les matériaux pour chacune de ses couches. Une série d'outils accompagne cette interface pour donner tous les moyens ludiques à l'utilisateur afin d'adopter une méthode BIM éprouvée à moindre effort ;

3. un plugin complémentaire, extrait des outils de PASS Technologie pour couvrir les besoins de traitement en masse sur les paramètres du projet vis-à-vis des paramètres partagés.

3.4.   Phases, niveaux de définition et versions du plugin

Parce qu'à chaque phase d'un projet BIM, les besoins en informations (LOI) et en niveaux de détails (LOD) sont totalement différents, il est indispensable que les objets et leurs données soient parfaitement structurés.

Les objets contenus dans la maquette doivent avoir non seulement une représentation graphique conforme au LOD (niveau de détail) souhaité, mais aussi une structuration des données – LOI (niveau des informations) – cohérente avec les besoins correspondant à la phase du projet. Les niveaux de définition incluant les LOD et LOI nécessaires au projet concernant notre cas d'étude sont :

- LOD 200 : le prototype a un niveau de définition sommaire. Les éléments sont représentés sous la forme de modèles génériques permettant une connaissance volumétrique globale, une maîtrise de l'emprise des composants ;

- LOD 300 : le prototype rentre dans une phase d'exécution, de détails. Les composants du projet acquièrent une représentation spécifique permettant un traitement plus précis et plus détaillé de leur taille, leur emprise et leur positionnement ;

- LOD 400 : le prototype est en phase de réalisation, de mise en œuvre réelle. Les éléments possèdent désormais une représentation détaillée permettant un traitement dimensionnel et quantitatif exact, de même qu'une approche sur la mise en œuvre, la fabrication et la localisation.

Les besoins d'un architecte ou d'un économiste, lors de la phase de conception d'un projet et de sa maquette numérique, sont totalement différents de ceux d'une entreprise en phase d'étude et d'exécution de travaux, ou encore de ceux d'un maître d'ouvrage lors de l'exploitation finale de la maquette.

C'est pourquoi, parmi les évolutions majeures de la solution BIM Cloisons, la version actuelle subit un profond « lifting » et se présente désormais sous forme de deux déclinaisons :

1) La version « START » est destinée aux architectes, économistes et entreprises désireux de concevoir leur maquette numérique dès la phase avant-projet avec des systèmes de cloisons et contre-cloisons BIM extrêmement pertinents et totalement adaptés et structurés pour cette phase.

Cette version permet de configurer et de faire une prescription précise du lot de cloisons, doublages et faux plafonds d'un projet BIM, directement depuis le logiciel, sans avoir à télécharger des objets ou à chercher de la documentation (notices matériaux et instructions de mise en œuvre).

Elle donnera également la possibilité de modéliser une maquette BIM en phase avant-projet avec précision, simplicité et rapidité, tout en respectant le niveau de détail adapté à cette phase (LOD 200 ou 300 au choix).

Grâce à son configurateur, elle donnera accès à une bibliothèque de plus de 6 000 références de cloisons, contre-cloisons et plafonds plâtre, entièrement documentées (fiches techniques associées à chaque ouvrage, vidéos de montage, caractéristiques techniques, etc.), le tout accessible instantanément depuis l'interface du logiciel sans aucune autre navigation ou téléchargement.

Figure 10. (gauche) Prototype : écran de démarrage de Revit et identification du plugin

Figure 11. (droite) Prototype : ajout automatique du gabarit BIM Cloisons

Figure 12. Prototype : ruban des fonctionnalités du plugin

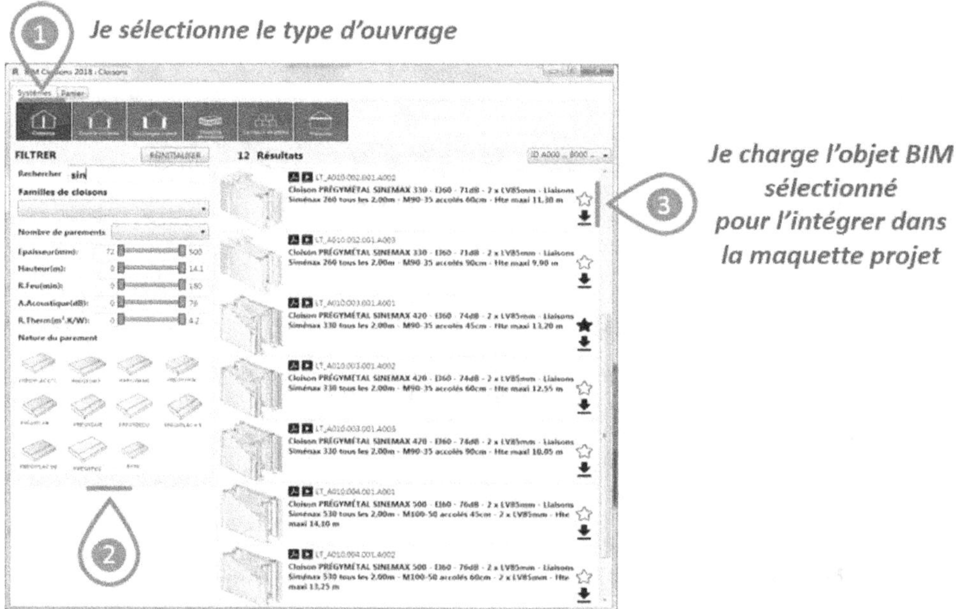

Figure 13. Prototype : état d'avancement de l'intégration de l'interface utilisateur

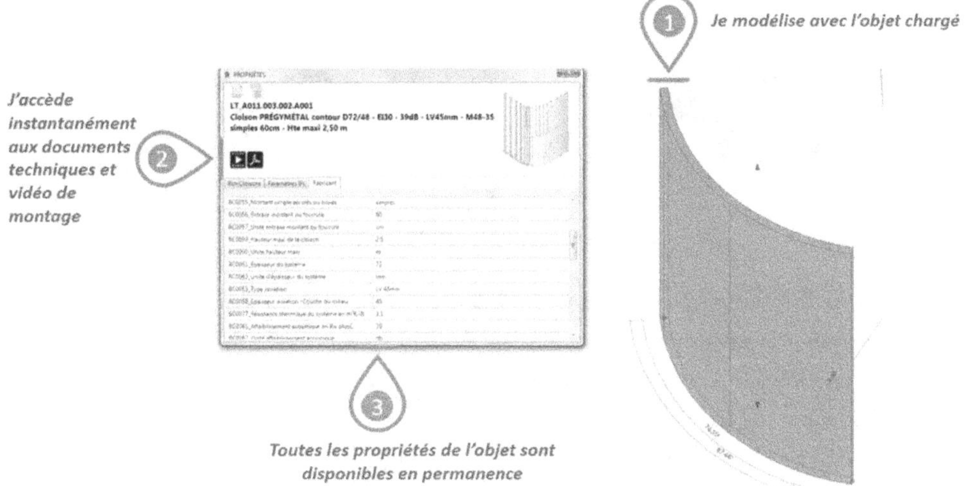

Figure 14. Prototype : propriété d'un type de système

Généralement, les maquettes que nous réalisons en phase appel d'offre répondent à un LOD 200 ou 300, suivant le niveau de détail sélectionné dans Revit et exigé par le projet :

LOD 200 – 300, études appels d'offres :

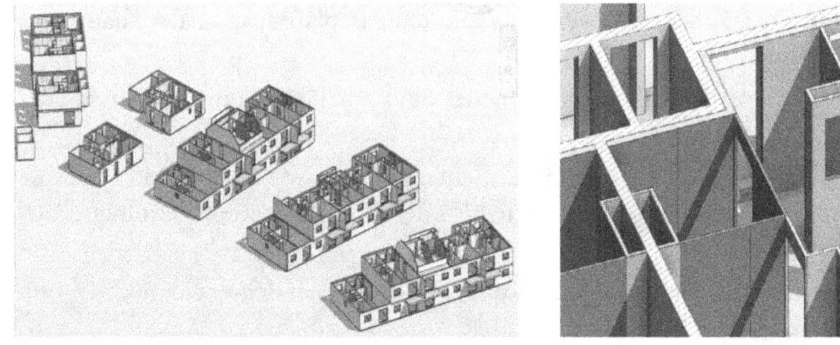

1) Réalisation de la maquette appel d'offre pour l'entreprise Frédéric Blin

Projet : construction de 32 logements à Brionnes (27) – Lot n° 8 Cloisons, doublages, plafonds, isolation

Support de travail : maquette architecturale IFC format natif Archicad

Maître d'Ouvrage : Société d'Economie Mixte du logement de l'Eure (SECOMILE) – 27000 Évreux

Maîtrise d'œuvre : cabinet ARTEFACT – 76200 Rouen

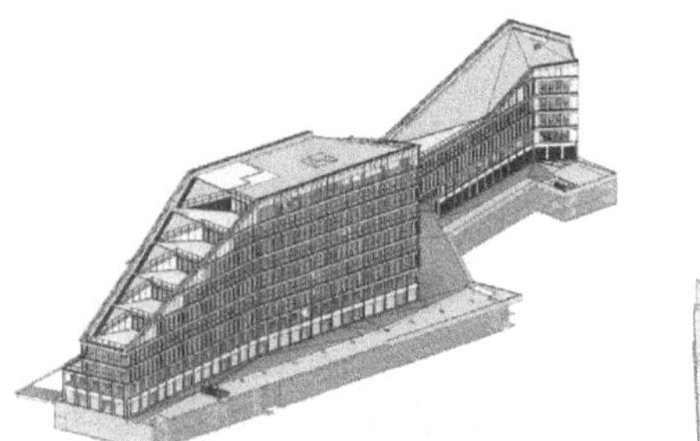
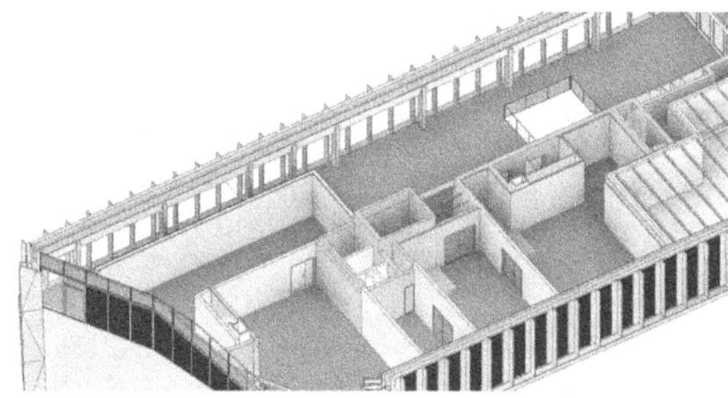

2) Réalisation de la maquette appel d'offre pour l'entreprise ERCP à Saint-Fons (69)

Projet : rénovation et extension du siège d'Orange, 69003 Lyon

Support de travail : maquette architecturale format natif Revit

Maître d'ouvrage : PITCH Promotion – Lyon (69)

Maîtrise d'œuvre : HGA/Hubert Godet SAS en association avec Hardel et Le Bihan Architectes - Paris

2) La version « FULL » reprend toutes les fonctionnalités de la version Start, auxquelles viennent s'ajouter les fonctionnalités de la version actuelle, qui permettent de réaliser des maquettes en phase EXE avec un niveau de détail LOD 400.

Parmi les évolutions de cette version FULL EXE BIM, de nombreuses données BIM4D (approvisionnement, pose des ossatures, pose isolant, pose parement 1, etc.) sont associées aux objets, permettant ainsi d'aller beaucoup plus loin dans la planification des chantiers à partir de la maquette numérique.

De nombreuses nouvelles fonctionnalités sont conçues pour améliorer la production et faciliter la modélisation et l'extraction des données.

La bibliothèque de cette version est également enrichie, avec près de 15 000 références de cloisons et contre-cloisons, composées chacune de plus de 500 informations, et intègre l'arrivée de nouvelles références au fur et à mesure.

Les maquettes en phase Exécution que nous réalisons répondent généralement à un LOD 400.

LOD 400 – phase Exécution :

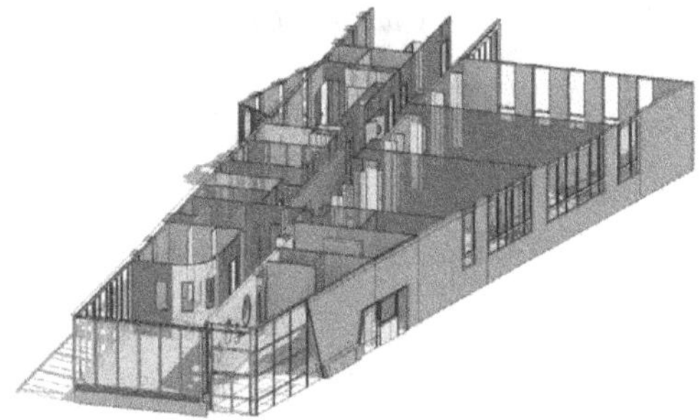
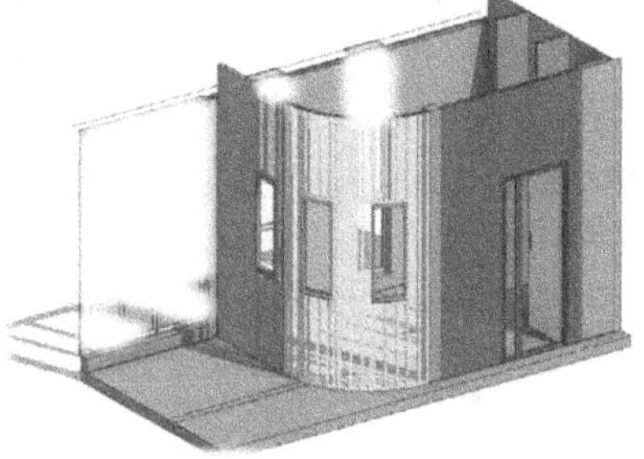

1) Réalisation de la maquette Cloisons, doublage en phase Exe pour l'entreprise LAYE à Grenoble (38)

Projet en OPEN BIM – Construction du groupe scolaire Hareux à Grenoble (38)

Support de travail : maquette architecturale format IFC (format natif Archicad)
Maître d'ouvrage : ville de Grenoble
Maîtrise d'œuvre : cabinet CHABAL Architectes – 38000 Grenoble

2) Réalisation de la maquette faux plafond en phase Exe pour l'entreprise JACQUEMIN à Heillecourt (54)
Projet : réhabilitation de la piscine de Vandoeuvre-les-Nancy
Support de travail : plans DWG, relevé de côte de l'existant sur site et reportage photo
Maître d'ouvrage et maître d'œuvre : métropole du GRAND NANCY

3) Pour améliorer la productivité, des outils complémentaires de manipulation en masse des paramètres sont fournis avec les deux versions sous forme d'un plugin complémentaire. Ils permettent d'optimiser les opérations répétitives dans Revit.

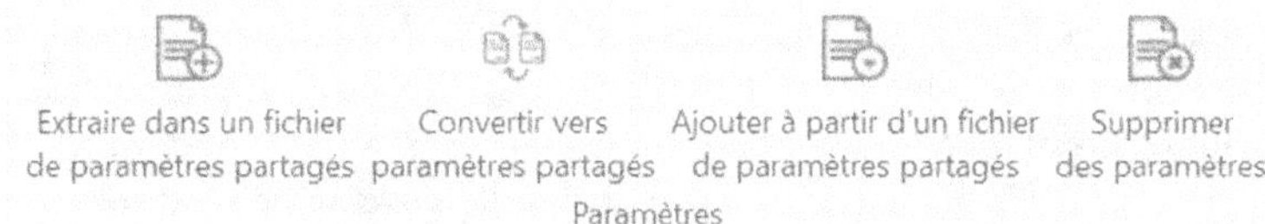

Figure 15. Manipulation des paramètres en masse

Quatre fonctionnalités indispensables accompagnent les plugins BIM Cloisons :
- l'extraction de plusieurs paramètres projet dans un fichier de paramètres partagés ;
- la conversion d'une sélection de paramètres projet en paramètres partagés ;
- l'intégration massive de paramètres à partir d'un fichier de paramètres partagés ;
- la suppression d'une sélection de paramètres.

4. Discussion : contraintes et verrous technologiques

Les langages de programmation pour réaliser des scripts interprétés par Revit sont nombreux (Python, C#, Ruby, VB). La flexibilité de Dynamo peut aussi mériter une attention particulière.

Proposer une collection de macros servirait à satisfaire un besoin ponctuel. PASS Technologie s'est orientée vite vers la conception d'une collection de plugins intégrant l'ensemble de la chaîne éprouvée précédemment, ce qui semble une évidence une fois les contraintes posées et les méthodes de déploiement identifiées.

La conception d'un plugin est une aventure qui, à la fois, mérite de se poser et de poser les bonnes questions. Il en sort trois piliers :

1. **Les données à gérer :** paramètres, matériaux, structure multicouches des familles systèmes ;

2. **Les fonctionnalités à implémenter :** génération automatique de type de famille système à partir d'une base de données, manipulation directe de la base de données du projet Revit ;

3. **L'interface graphique :** elle est la clé d'une expérience utilisateur satisfaisante par les fonctions de navigation, de recherche et de filtres sur les résultats. Cette interface est là pour s'effacer complètement et laisser l'utilisateur à son intuition. Dès que l'utilisation du plugin devient banale, c'est là que nous pourrons évaluer sa réussite. Pour y arriver, un long chemin reste encore à parcourir. Il est d'ores et déjà prometteur car les fonctionnalités essentielles implémentées donnent satisfaction.

4.1. Limitations de l'API Revit

Les contraintes liées à l'accès aux documents Revit via l'API fourni par Autodesk nous empêchent de concevoir le plugin en mode non modal (fenêtre du plugin en permanence affichée pendant le travail sur les maquettes), car le mode non modal donne accès à l'ensemble des documents ouverts. La génération de type de famille système ne serait pas possible dans ce mode. Des pistes de contournement sont en cours de réflexion pour découpler la recherche, les filtres et la navigation de la création de types d'objets dans le projet actif, et ainsi permettre un affichage permanent non modal du plugin. Pour améliorer l'expérience utilisateur, certaines fonctionnalités sont disponibles directement dans les rubans de fonctionnalités.

4.2. Familles système multicouches

Les types de familles système multicouches ont la particularité de ne pas être chargeables comme un objet de bibliothèque. La solution est soit les copier d'un autre projet, soit de les générer directement à partir de la base de données. Après plusieurs expérimentations et réflexions sur le gain de productivité, c'est cette dernière solution qui a été retenue et implémentée, ce qui a nécessité une structuration fine de la base de données pour gérer la structure détaillée des couches d'un système de cloisons ou de plafonds incluant des couches accessoires nécessaires.

4.3.   Plateforme en ligne

D'une façon optimale, le développement du plugin tend vers un accès authentifié sur une base de données en ligne et un gestionnaire de licences d'utilisation. La base de données en ligne permettra d'optimiser le processus de déploiement. Ainsi, l'actualisation de la base devient instantanément disponible pour l'ensemble des utilisateurs. L'inconvénient : l'utilisation du plugin sera conditionnée par la présence d'un accès à Internet (ce qui peut poser problème aux utilisateurs nomades habitués à travailler dans les transports). L'étude d'un système de cache permettra de pallier cet inconvénient et synchronisera les données dès la détection de la présence d'une connexionInternet sécurisée avec le serveur.

4.4.   IFC 4 ADD2 TC1 ISO 16739:2013 et PPBIM XP P07-150

Les outils que nous développons s'appuient sur la capacité de Revit à gérer le format IFC aussi bien en import qu'en export (voir [IFCforRevit, 2018]).

Nous avons réalisé un travail important de paramétrage des propriétés IFC de nos objets et du module d'export REVIT dans les fichiers gabarits que nous proposons à nos correspondants, avec pour objectif d'assurer une qualité maximale lors de l'export de nos maquettes au format IFC. Nous sommes également en veille constante sur l'évolution et la structuration des données IFC, sur lesquelles reposent grandement la qualité des exports (voir [IFCDOC, 2017]).

Force est de reconnaitre qu'à ce jour, les principaux problèmes rencontrés lorsque nous travaillons sur des projets en openBIM résident dans l'interopérabilité entre logiciels et sur la qualité des paramétrages avant export des IFC (voir [ABV, 2017]).

Même si les échéances concernant la mise en application de PPBIM ne sont pas encore officiellement connues, il apparaît comme une évidence que celle-ci sera effective dans les prochains mois. C'est pourquoi nous avons attaché une attention toute particulière et avons effectué de nombreuses recherches pour préstructurer nos propriétés afin que celles-ci puissent être au plus proche des exigences de cette norme (voir [PPBIM, 2018]).

Conclusion : vers un processus BIM intégré

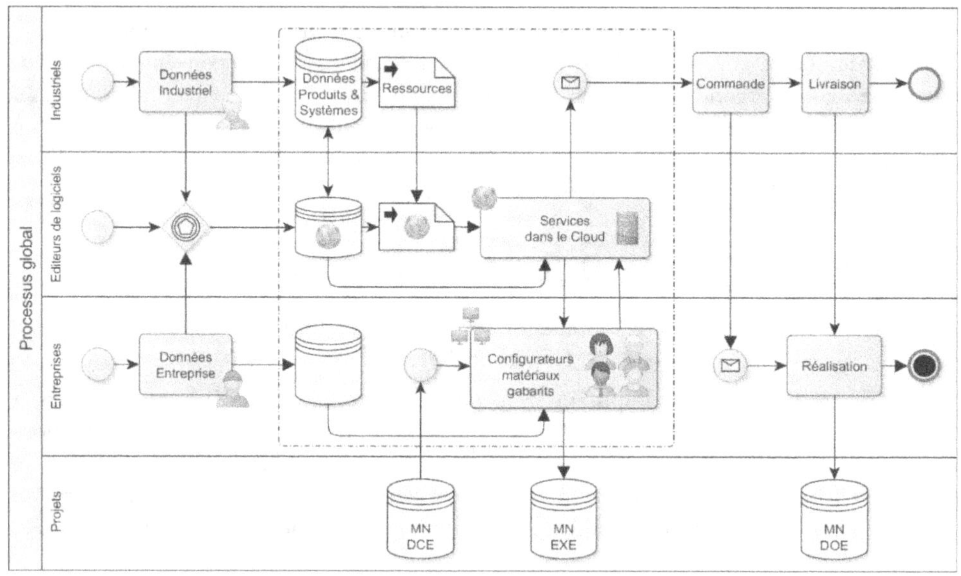

Figure 16. Continuum numérique dans un processus BIM intégré

Le schéma ci-dessus décrit sommairement le processus global attendu par les fabricants et les entreprises du bâtiment. L'intervention de sociétés de services et de développement de logiciels intermédiaires permet de rapprocher les besoins des bureaux d'études et des PME du bâtiment des processus industriels des fabricants des matériaux de construction. De même, les solutions et services dans le cloud deviennent monnaie courante, ainsi que le caractère connecté des applications, ce qui permet de raccourcir les processus manuels en automatisant certaines tâches d'échange de données entre les systèmes des fabricants et les bureaux d'études. Cette couche intermédiaire permettra au plus grand nombre d'entreprises d'intégrer les processus BIM dans un continuum numérique intégré s'affranchissant des formats intermédiaires et des échanges asynchrones.

La demande BIM étant exponentielle, les besoins des fabricants et des entreprises se multiplient. Devant ces demandes croissantes, PASS Technologie et BIM Cloisons entendent continuer leur partenariat et la mise en commun de leurs compétences et retours d'expériences.

Actuellement, les deux sociétés réalisent plusieurs études de faisabilité pour développer d'autres solutions BIM spécifiques métiers pour d'autres corps d'états architecturaux tels que :
- les cloisons modulaires ;
- les plafonds suspendus ;
- les plafonds tendus ;
- les conduits et gaines de désenfumage ;
- le bardage de façade.

L'objectif commun de PASS Technologie et de BIM Cloisons est de développer des outils clés en main pour les PME du bâtiment, afin de rendre accessible à tous l'accès au BIM.

Références bibliographiques

Ouvrages ayant une sensibilité particulière aux phases de réalisation

HARDIN B., MCCOOL D., *BIM and construction Management, proven tools, methods and workflows*, Indianapolis, Wiley, 2015

KENSEK K., NOBLE D., *Building Information Modeling, BIM in current and future practice*, Jew Jersey, Wiley, 2014

Jernigan F., *BIG BIM little bim*, Salisbury, 4site Press, 2008

Sites de ressources (retours d'expériences, guides)

[AutodeskADN, 2018] https://www.autodesk.com/developer-network/open

[RevitAPI, 2018] http://www.revitapidocs.com/2018.1/

[IFCforRevit, 2018] https://sourceforge.net/projects/ifcexporter/

[IFCDOC, 2017] Documentation simplifiée de l'IFC4 et 2x3, contribution de PASS Technologie à la plateforme des formations BIM – http://bim.tech.fr/ifc - https://www.iso.org/standard/51622.html

[openBIM, 2018] http://www.mediaconstruct.fr/comprendre-le-bim/lopenbim

[PPBIM, 2018] https://norminfo.afnor.org/norme/xp-p07-150/proprietes-des-produits-et-systemes-utilises-en-construction-definition-des-proprietes-methodologie-de-creation-et-de/96920

[ABV, 2017] Projet ABV, REX BIM Cloisons - http://bim-cloisons.fr/wp-content/uploads/2018/01/ABV-Rex-BIM-Cloisons-.pdf

[LOD, 2017] *2017 LOD Specification (Part I, Part II, the Guide)* - http://bimforum.org/lod/

[LUX, 2017] Le guide d'application BIM Luxembourgeois - http://www.digitalbuilding.lu/guide-application-bim

Les auteurs

ACUŃA PAZ Y MIŃO Jairo
Urban Physics Joint Laboratory, UPPA
j.acuna@univ-pau.fr

AGUEJDAD Rahim
CNRS/UMR TETIS
rahim.aguejdad@cnrs.fr

BECKERS Benoit
Urban Physics Joint Laboratory, UPPA

BOUREGUIG Karim
BIM Cloisons
k.boureguig@bim-cloisons.fr

BOUTROS Nader
PASS Technologie, ENSA Paris Val de Seine/
EVCAU
nader.boutros@pass-tech.fr

BRIL EL HAOUZI Hind
Université de Lorraine, CRAN UMR7039
hind.el-haouzi@univ.lorraine.fr

DA SILVA Guillaume
ESTP Paris
gdasilva@estp-paris.eu

DE BOISSIEU Aurélie
Grimshaw Architects
aurelie.deboissieu@grimshaw.global

DOUKARI Omar
EI.CESI Nanterre
odoukari@cesi.fr

ESLAHI Mojtaba
ESTP Paris
meslahi@estp-paris.eu

FERRIES Bernard
LRA, ENSA de Toulouse
ferries@laurenti.com

GOUEZOU Vincent
ENSAPL, ANMA
vgouezou@anma.fr

LAWRENCE Claire
Urban Physics Joint Laboratory, UPPA

LEFORT Vincent
Urban Physics Joint Laboratory
vincent.lefort@univ-pau.fr

PAVIOT Thomas
LAMIH – CNRS UMR 8201

ROGAGE Kay
Faculty of Engineering & Environment
Northumbria University
k.rogage@northukbria.ac.uk

WATSON Richard
Faculty of Engineering & Environment
Northumbria University
richard.watson@northukbria.ac.uk

ZIV Nicolas
ESTP, Université Paris-Est
n.ziv@bouygues-construction.com

Les reviewers

Les reviewers suivants ont participé au processus de review du workshop Recherche EdubIM 2108. La qualité du processus et de l'ouvrage doit beaucoup à leur travail obscur et difficile. Qu'ils en soient remerciés.

BAGIEU Marie
ESITC Caen

BOUTROS Nader
Pass Technologie, Archi Val de Seine

DE BOISSIEU Aurelie
Grimshaw, London

DIAB youssef
EIVP, Lab-Urba

DOUKARI Omar
CESI Nanterre

EYNARD Benoit
UTC

FERRIES Bernard
ENSA Toulouse

LAMOURI Samir
ENSAM

RISS Sylvain
ASSYSTEM, Paris

SAHUC Pierre-Antoine
ENSA Normandie

SAUCE Gérard
Université de Nice

TALON Aurélie
UCA Polytech Clermont-Ferrand

TEULIER Régine
i3, U Paris-Saclay

TOLMER Charles-Edouard
Egis International

WETZEL Jean-Paul
univ Strasbourg

Le comité scientifique

Le réseau Polytech est le premier réseau national qui regroupe 13 écoles publiques d'ingénieur. Toutes dépendent du ministère de l'éducation nationale, de l'enseignement supérieur et de la recherche ; elles délivrent des diplômes d'ingénieur reconnus par la commission des titres d'ingénieur (CTI).

Avec 12 domaines de formation, plus de 68 000 diplômé(e)s et 3 000 chaque année, les écoles Polytech constituent le premier réseau français de formations d'ingénieur. L'insertion professionnelle rapide des diplômé(e)s Polytech, en France comme à l'étranger, prouve la reconnaissance de ces formations par le monde économique. Par ailleurs, l'adossement à une recherche de haut niveau, avec plus de 1 300 enseignant(e)s chercheur(e)s côtoyant quotidiennement les élèves-ingénieur(e)s, et l'intervention de spécialistes en activité dans tous les secteurs professionnels sont les gages d'une préparation solide et pérenne aux nombreux challenges professionnels.

Créé en 1969, Polytech Clermont-Ferrand (ex-CUST) est l'une des plus anciennes formations universitaires d'ingénieurs en France. École d'ingénieurs interne de l'Université Clermont Auvergne, Polytech Clermont-Ferrand est membre fondateur du Réseau Polytech et inscrit son développement dans ce cadre tant sur le plan local que national et international.

Le Département Génie Civil a pour mission de former des ingénieurs capables de conduire des projets et des chantiers touchant au bâtiment et aux travaux publics, à animer des équipes et à gérer des opérations dans le respect du droit, de la sécurité et du développement durable et dans un contexte local, national et international.

La formation d'un ingénieur en Génie Civil nécessite une approche théorique importante faisant appel aux sciences de bases comme les mathématiques, les statistiques et probabilités, la mécanique, la physique, le calcul numérique mais également une approche plus technologique comprenant des disciplines appliquées comme le béton armé, la construction métallique, la géotechnique ou l'organisation et la gestion des chantiers, les procédés généraux de construction ou encore l'architecture. Mais la formation d'un futur cadre du BTP ne serait pas adaptée si les disciplines telles que le droit, les sciences économiques, les techniques de communication n'y trouvaient leur place. Enfin, les outils numériques et le développement du BIM à travers notamment des pratiques collaboratives innovantes ont été intégrées dans l'ensemble du cursus de formation afin de préparer les futurs ingénieurs à s'intégrer dans les projets de construction de demain. Le mastère spécialisé® GP-BIM, dédié au BIM sous l'angle de la gestion patrimoniale, complète cette offre de formation.

Ne privilégier aucun secteur du BTP reste l'un des objectifs de la formation qui se doit donc d'être multidisciplinaire.

L'INGÉNIEUR-E POLYTECH CLERMONT-FERRAND EN 5 POINTS :

- Multidisciplinaire
- Capable de s'adapter aux environnements interculturels et aux évolutions technologiques
- Doté-e de compétences transversales (gestion de projet, management, langues...)
- Conscient-e de ses responsabilités sociétales
- Avant-gardiste, créatif-ve et innovant-e

+ DE 1 000 ÉTUDIANT-E-S

6 DIPLÔMES D'INGÉNIEUR

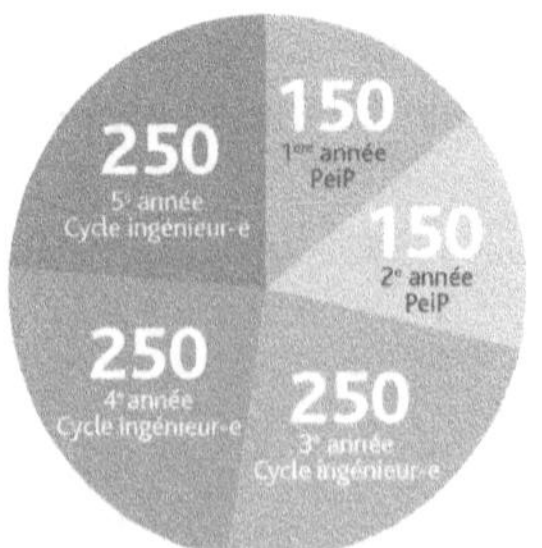

- GÉNIE BIOLOGIQUE
- GÉNIE CIVIL
- GÉNIE ÉLECTRIQUE
- GÉNIE MATHÉMATIQUE ET MODÉLISAT
- GÉNIE PHYSIQUE
- GÉNIE DES SYSTÈMES DE PRODUCTION (PAR APPRENTISSAGE)

CURSUS

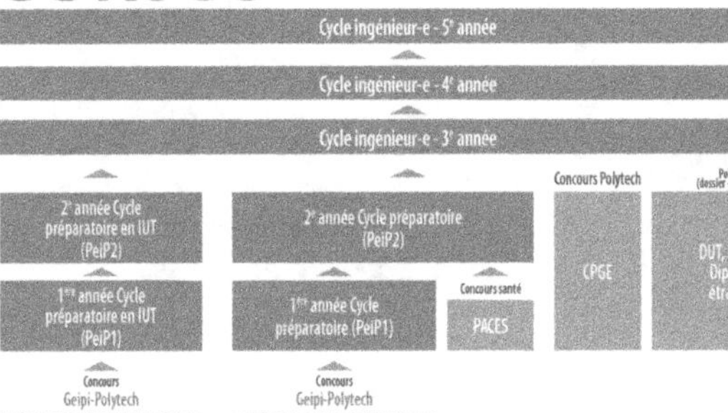

CHIFFRES CLÉS DE L'ÉCOLE

1 000 élèves-ingénieur-e-s

40 % de boursiers

35 % de filles

26 nationalités

Plus de 200 diplômé-e-s par an

Plus de 6 500 ingénieur-e-s diplômé-e-s

ORIGINE DES RECRUTEMENTS

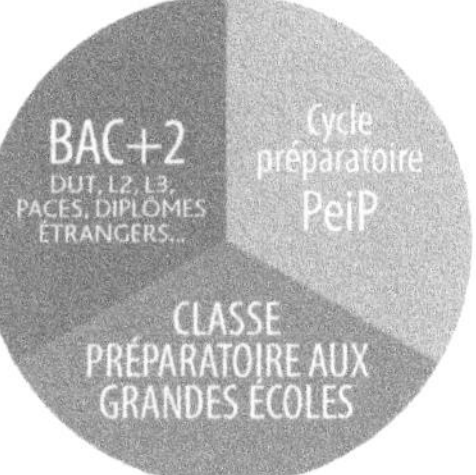

Génie biologique

Biotechnologies/Bioprocédés,
Industrie alimentaire,
Industrie pharmaceutique,
Industrie cosmétique,
Industrie de l'environnement

Génie civil

Bâtiment, Travaux Publics, Ouvrages
d'art, Bureaux d'études, Architecture,
Urbanisme, Contrôle technique,
Eco-conception et maquette
numérique

Génie électrique

Energie, Robotique,
Microprocesseurs,
Contrôle industriel, Electronique,
Composants numériques,
Compatibilité électro-magnétique

Génie mathématique et modélisation

Aéronautique, Automobile,
Météorologie, Secteurs de la Santé,
Assurances, Finances,
Grande distribution,
Informatique (ESN), Transport

Génie physique

Automobile, Aéronautique, Ferroviaire,
Energie, Environnement, Electronique,
Informatique, Métallurgie et
transformation des métaux,
Service ingénierie

Génie des systèmes de production
par apprentissage

Tous secteurs industriels
qui requièrent une gestion des
équipements de production
(automatique, mécanique,
électronique, informatique)

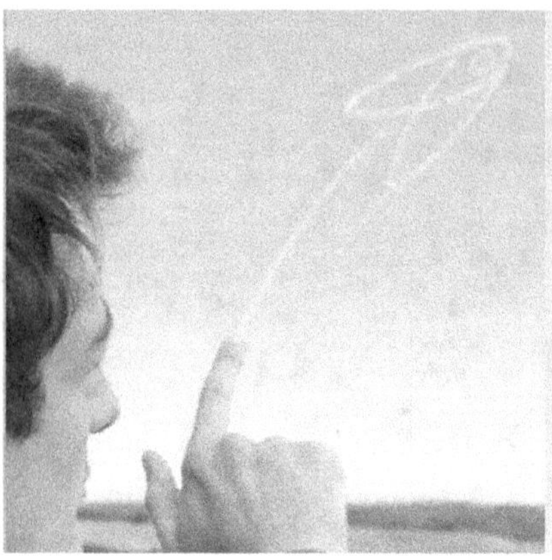

les atouts

d'une grande
école d'ingénieur-e-s
publique

L'entreprise au cœur de la formation

- De 7 à 10 mois de stages en entreprise
- Contrats de professionnalisation en 5e année
- Parrainages d'entreprises par département
- Projets pédagogiques avec des industriels
- Visites de chantiers et d'entreprises
- Participation à de nombreux prix

Réseau Polytech

La force d'un réseau

- Réseau Polytech, 1er réseau français d'écoles polytechniques des universités : diplômes nationaux portant la marque Polytech®
- Ecole d'ingénieur-e-s publique interne à l'Université Clermont Auvergne : une formation basée sur une recherche de haut niveau

Chiffres clés Réseau Polytech

- 14 écoles d'ingénieur-e-s
- 2 écoles associées
- 15 200 élèves ingénieur-e-s
- 3 400 ingénieur-e-s Polytech diplômé-e-s par an
- 70 000 ingénieur-e-s en activité
- 2 000 stages ou séjours d'études à l'étranger
- 1 350 doctorant-e-s
- 130 laboratoires

Un cursus international

- 5 doubles diplômes (USA, Grande-Bretagne, Argentine, Maroc, Chili)
- 60 accords de partenariat avec des universités étrangères
- 100% des élèves-ingénieur-e-s partent à l'international
- 100 étudiant-e-s internationaux, 25 nationalités

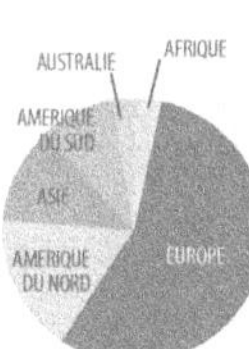

Ouverture à d'autres compétence

- 30 % des enseignements en Management, Communication, Gestion et Langues
- Options transversales Énergie et Logistique
- Modules spécialisés (Urbanisme, Gestion de l'environnement, Imagerie numérique, Finances...)
- Accompagnement aux projets de création d'entreprise
- Sensibilisation à la démarche Qualité
- Junior Initiative/Entreprise

Une vie étudiante riche, un épanouissement personnel

- L'Auvergne et Clermont-Ferrand : une région et une ville à découvrir !
- Le Bureau des Elèves, fer de lance des activités sportives, culturelles et festives de l'école
- Un parcours aménagé pour les sportifs de haut niveau
- Possibilité d'accueil d'étudiants handicapés via Handi-Sup

Insertion professionnelle

10% trouvent leur premier emploi à l'international

34 000 € : salaire brut annuel d'embauche

15 % poursuivent leurs études (masters spécialisés, thèses...)

Source : enquête annuelle de la Conférence des Grandes Ecoles

Génie biologique
Benjamin Gonzalez (GB1995)
Président et fondateur de METabolic EXplorer

Benjamin Gonzalez a « atterri » à Clermont-Ferrand pour ses études, comme il le dit lui-même et il n'en est plus parti... Après l'obtention de son diplôme d'ingénieur Polytech Clermont-Ferrand, Benjamin Gonzalez fait une thèse en biotechnologie, puis crée en 1999 METabolic EXplorer. « Etudiant, je me voyais déjà manager, avoir des responsabilités, créer de la valeur. L'Auvergne m'a donné la formation et les outils pour déployer mon projet professionnel ». En mettant au point divers procédés de chimie biologique, sa société a acquis très rapidement une reconnaissance internationale et compte aujourd'hui 100 salariés.

Polytech Clermont-Ferrand
et après ?

Top 5
DES FONCTIONS

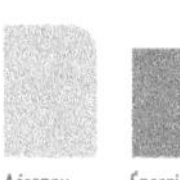

Ingénieur Production exploitation | Ingénieur Études conseil | Ingénieur Recherche développement | Ingénieur Maîtrise d'ouvrage | Ingénieur Informatique

Top 5
DES SECTEURS D'ACTIVITÉ

Bâtiments Travaux Publics Construction | Bureaux d'étude | Chimie pharmacie | Aéronautique - Automobile | Énergie

Génie physique
Aurore Lardjane (GP2005)
Ingénieure Recherche et Développement, Michelin

Sa mission est de concevoir puis d'évaluer la potentialité de nouveaux matériaux entrant dans la composition des pneumatiques de demain. Plus précisément, son rôle consiste à proposer des matériaux innovants puis, à les évaluer en laboratoire ainsi qu'en tests afin de garantir leur performance dans le pneumatique. Au sein d'une équipe, Aurore Lardjane contribue fortement au bon déroulement des projets confiés de la conception à la pré-industrialisation. « C'est un travail exaltant et motivant, qui demande chaque jour de faire preuve de rigueur et d'organisation, de curiosité et de créativité, de capacité à travailler en équipe et à s'adapter. Polytech Clermont-Ferrand m'a permis de les appréhender ces compétences transversales lors de mon cursus sans oublier l'acquisition des connaissances techniques et scientifiques indispensables à l'exercice de mon métier au quotidien. »

Génie mathématique et modélisation
Romain Apparigliato (GMM2003)
Ingénieur de Recherche Expérimenté, GDF SUEZ (Centre d'Expertise en Etudes et Modélisation Économiques de la Direction Stratégie du Groupe)

Après Polytech Clermont-Ferrand, Romain Apparigliato poursuit ses études par une thèse au laboratoire de mathématiques appliquées de l'Ecole Polytechnique en collaboration avec EDF et IFC Genève. Romain revient sur son parcours à Polytech Clermont-Ferrand qu'il qualifie d'«excellent tremplin » pour lancer sa carrière. Il rajoute y avoir découvert le monde de la recherche appliquée grâce à ses stages et avoir poursuivi dans cette voie. Romain conclut ainsi « la diversité des enseignements suivis à Polytech Clermont-Ferrand a favorisé mon ouverture d'esprit et ma curiosité. De plus, les nombreux projets effectués seul ou en groupe et la forte spécialisation dans des compétences comme l'Optimisation ont été des atouts indéniables dans l'accomplissement de mon parcours professionnel ».

Génie électrique
Jean-Claude PEROT (GE1992)
Directeur général du groupe ACC
Jean-Claude Perot est aujourd'hui le Directeur général du groupe qui compte une soixantaine de collaborateurs.

Si les enseignements techniques de Polytech Clermont-Ferrand lui ont permis de décrocher son premier poste, de son parcours à l'école, il retient surtout une formation pluridisciplinaire et des options originales telles que l'option théâtre qui lui ont appris à développer des qualités telles que la curiosité, l'écoute et la créativité.
« Aujourd'hui, un-e ingénieur-e, ce n'est plus un-e super technicien-ne. C'est avant tout un esprit ouvert aux nouvelles idées, à l'écoute des environnements technologique, humain, socio-économique, culturel... Polytech Clermont-Ferrand m'a permis de développer cette ouverture aux autres et de prendre le recul nécessaire pour appréhender voire anticiper les évolutions. J'y ai appris à être acteur et non spectateur de mon métier. »

Génie civil
Xavier Millau (GC1985)
Directeur
EIFFAGE CONSTRUCTION Équipements
Xavier Millau s'est orienté vers une double formation en gestion d'entreprise à l'IAE de Lyon pour développer les matières économiques enseignées à Polytech Clermont-Ferrand. Selon cet ancien diplômé, « un-e ingénieur-e ne doit pas s'intéresser qu'à la technique mais aussi à son environnement ! »
Après une première expérience en contrôle de gestion dans une filiale construction de la Compagnie générale des Eaux, il a intégré le groupe EIFFAGE CONSTRUCTION sur un poste de développement commercial. Très vite les responsabilités se sont enchaînées. Xavier Millau conclut ainsi « Polytech Clermont-Ferrand est très reconnu dans mon groupe, car c'est une formation solide, pragmatique et proche de l'entreprise. »

POLYTECH CLERMONT-FERRAND

Campus universitaire des Cézeaux
2, av. Blaise Pascal - TSA 60206
CS 60026 - 63178 AUBIÈRE cedex
Tél. : **(33) 4 73 40 75 00**

Arrêt TRAM : Cézeaux / Pellez

www.polytech-clermont.fr

SUIVEZ NOTRE ÉCOLE SUR LES RÉSEAUX SOCIAUX

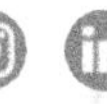

ADMISSION
admissions.polytech@uca.fr

PeiP (Parcours des écoles d'ingénieur-e-s Polytech)
resp.peip.polytech@uca.fr

DIRECTION DES ETUDES
direction.polytech@liste.uca.fr

ASSOCIATION DES ANCIENS
aae.polytech@uca.fr

L'école est certifiée ISO 9008:2015 sur l'ensemble de ses formations depuis février 2017.

GP-BIM+

Mastère Spécialisé®

Le BIM pour la gestion intégrée des constructions

Ouvrages d'art

Objectifs

Formation à destination des architectes, ingénieurs et gestionnaires d'ouvrage pour leur montée en compétences vis-à-vis du BIM et de la gestion technique des constructions : infrastructures, ouvrages d'art et bâtiments.

Module 1 (96h)
Le BIM pour l'évaluation des performances techniques

Outils logiciels du BIM - Consultation et recherche sur une maquette numérique - Réalisation d'une maquette numérique à partir d'un scan 3D (BIM 3D) - Documents de gestion - Techniques d'inspection et de diagnostic - Evaluation des performances : structural, énergétique, confort intérieur, sécurité incendie, sollicitations sismiques, accessibilité - Travail collaboratif en BIM - Illustrations par études de cas en BIM

Bâtiments

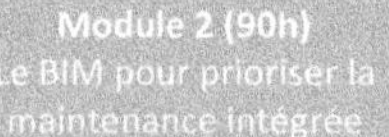

Module 4 (52h)
Le BIM en phase de gestion technique du patrimoine

Choix d'un mode de gestion technique - Gestion projet en phase exploitation en BIM - Gestion d informations nécessaires dans une maquette en BI en fonction de son usage - Niveaux d'informatio nécessaires - Prise en main de logiciels de gesti technique du patrimoine (BIM 6D et 7D)

Module 2 (90h)
Le BIM pour prioriser la maintenance intégrée

Prise en main de logiciels de création de maquette numérique et de dimensionnement d'ouvrages (BIM 3D) - IFC et Data Dictionnary - Solutions techniques de maintenance et de réhabilitation - Méthodes de priorisation des interventions - Stratégies d'inspection, maintenance et réparation - Illustrations par études de cas en BIM

Module 3 (52h)
Le BIM en phase de conception et de réalisation de travaux

Gestion de projet en phase conception en BIM - Aspects juridiques et réglementaires - Cahier des charges BIM - Niveaux de détail - Interopérabilité et plateforme de GEstion des Données - Préparation d'une maquette interopérable en phase conception et en phase suivi de travaux - Prise en main de logiciels de planification et de comptabilité (BIM 4D et 5D)

Module 5 (52h)
Synthèse par études de cas en BIM

Mise en pratique sous forme de projets d modules 1 à 4 - Evaluation de la performan technique des ouvrages en BIM - Proposition solutions intégrées de maintenance - Planificati des travaux - Mise en place de tableaux de bor de gestion technique du patrimoine Interopérabilité entre logiciels - Travail collabora

Vos perspectives professionnelles

Gestionnaire de patrimoine public ou privé
Définition des appels à projets, optimisation de la maintenance

Cabinet de maîtrise d'œuvre ou entreprise de construction
Conception de projets

Entreprise de travaux
Interactions en cellule de synthèse

Des PME aux Grands Groupes

Validation

En année complète : 45 ECTS (modules de formation) + 30 ECTS (thèse professionnelle)
Evaluation à la fin de chaque module
Délivrance d'un diplôme labellisé par la Conférence des Grandes Ecoles

Par module : attestation d'assiduité à la formation

Admission

Sélection sur dossier (téléchargeable sur le site internet) et entretien éventuel

Année complète en formation initiale ou formation continue – Dépôt du dossier avant le 1er juin

Modules seuls en formation continue – Dépôt du dossier avant le 1er juillet

Coût

Année complète : 5 000 € en formation initiale et 8 000 € en formation continue

Module 1 : 2 050 € - Module 2 : 2 050 €
Module 3 : 1 300 € - Module 4 : 1 300 €
Module 5 : 1 300 €

Lieu de la formation

A Polytech Clermont-Ferrand
Lors des semaines en présentiel

Calendrier

Module 1 : mi-septembre à mi-novembre
Module 2 : mi-novembre à fin janvier
Module 3 : fin janvier à fin février
Module 4 : fin février à fin mars
Module 5 : fin mars à fin avril
Période de stage : mai à septembre

De septembre à mai
1 semaine par mois en présentiel + 3 semaines par mois à 2x2h en soirée à distance

Plus d'informations

http://polytech.univ-bpclermont.fr/-Presentation-345-.html

Contact
Aurélie TALON
Responsable Mastère Spécialisé®
gp-bim@listes.univ-bpclermont.fr
+33 (0)4 73 40 75 27

Coordonnées
Polytech Clermont-Ferrand
Campus universitaire des Cézeaux
2, avenue Blaise Pascal - TSA6020
CS60026 - F 63178 AUBIÈRE cede

Formation labellisée

Polytech Clermont-Ferrand est certifié

Partenaires académiques

Soutiens

POLYTECH
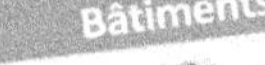

Merci d'avoir choisi ce livre Eyrolles. Nous espérons que sa lecture vous a intéressé(e) et inspiré(e).

Nous serions ravis de rester en contact avec vous et de pouvoir vous proposer d'autres idées de livres à découvrir, des nouveautés, des conseils, des événements avec nos auteurs ou des jeux-concours.

Intéressé(e) ? Inscrivez-vous à notre lettre d'information.

Pour cela, rendez-vous à l'adresse go.eyrolles.com/newsletter ou flashez ce QR code (votre adresse électronique sera à l'usage unique des éditions Eyrolles pour vous envoyer les informations demandées) :

Merci pour votre confiance.
L'équipe Eyrolles

P.S. : chaque mois, 5 lecteurs sont tirés au sort parmi les nouveaux inscrits à notre lettre d'information et gagnent chacun 3 livres à choisir dans le catalogue des éditions Eyrolles. Pour participer au tirage du mois en cours, il vous suffit de vous inscrire dès maintenant sur go.eyrolles.com/newsletter (règlement du jeu disponible sur le site).

www.ingramcontent.com/pod-product-compliance
Lightning Source LLC
LaVergne TN
LVHW060121060726
842526LV00009B/2727